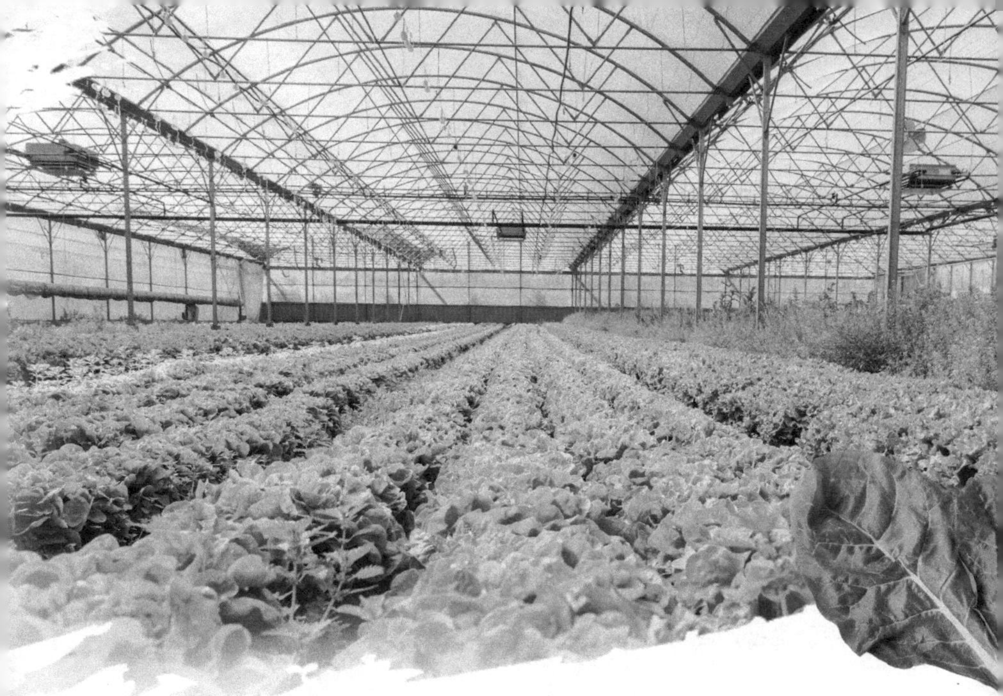

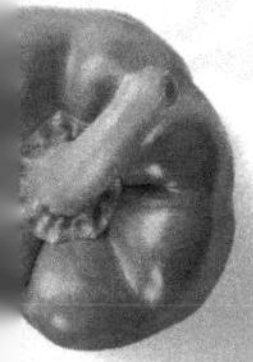

现代蔬菜起源

及新型栽培模式探索

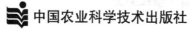

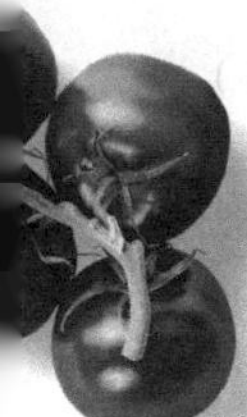

刘立锋　赵　维　等◎著

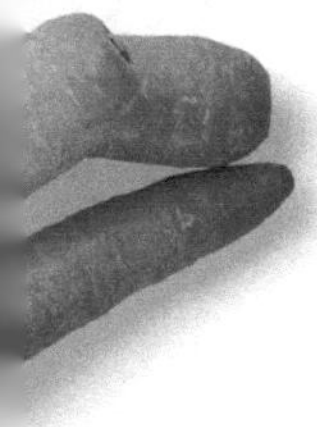

中国农业科学技术出版社

图书在版编目（CIP）数据

现代蔬菜起源及新型栽培模式探索 / 刘立锋等著 . 北京：中国农业科学技术出版社，2024. 6. -- ISBN 978-7-5116-6847-9

Ⅰ . S63

中国国家版本馆 CIP 数据核字第 2024V7S783 号

责任编辑 白姗姗
责任校对 李向荣
责任印制 姜义伟 王思文

出 版 者 中国农业科学技术出版社
北京市中关村南大街 12 号 邮编：100081
电　　话 （010）82106638（编辑室）（010）82106624（发行部）
（010）82109709（读者服务部）
网　　址 https://castp.caas.cn
经 销 者 各地新华书店
印 刷 者 北京建宏印刷有限公司
开　　本 148 mm×210 mm 1/32
印　　张 6.75
字　　数 165 千字
版　　次 2024 年 6 月第 1 版 2024 年 6 月第 1 次印刷
定　　价 48.00 元

《现代蔬菜起源及新型栽培模式探索》

著者名单

主　著： 刘立锋　赵　维

副主著： 张立峰　周桂花　德吉措姆　李平海

著　者： 赵丽娟　再屯古丽·亚森　丹增准嘎
德　吉　王广升

目录

第一章

蔬菜起源

第一节　蔬菜的前世今生

蔬菜自上古时代便已成为人类的食物。《诗经》里提到的132种植物，其中作为蔬菜的就有20余种，随着时代变迁，其中部分品种已退出蔬菜领域，成为野生植物，如荇、苕等（图1–1、图1–2）。

图1–1　荇

图1–2　苕

战国及秦汉时期，我国人民食用的主要蔬菜有5种。葵，称为“百菜之主”，现在有的地方称冬寒葵或冬寒菜，植物分类学上称冬葵，因口感及营养欠佳，唐代以后种植渐少，明代已很少种它，并不再当蔬菜看待。藿，也是先秦时的主要蔬菜，它是大豆苗的嫩叶，如今极少拿来当菜吃了。韭、葱、蒜是现在常用来调味的蔬菜，在古代蔬菜中独成一属。《汉书·召信臣传》中记载太宫园在温室生产葱、韭的情况，并把这样培育出来的韭菜叫“韭黄”。此外，还有萝卜、蔓菁等根菜类，现代萝卜的许多优良品种在秦汉时便已培育出来。蔓菁早在《吕氏春秋·本味篇》中就有“菜之美者”的盛誉，古时蔓菁还可以作粮食之用（图1–3至图1–10）。

图 1–3　冬葵

图 1–4　藿

图 1–5　葱

图 1–6　姜

图 1–7　蒜

图 1–8　韭黄

图 1–9　蔓菁

图 1–10　萝卜

现在常见的蔬菜如茄子、黄瓜、菠菜、扁豆、刀豆等都是在魏晋至唐宋时期陆续从国外引进来的。茄子，原产于印度和泰国。黄瓜原产于印度，传入我国时比茄子晚些，初名叫胡瓜，现在有的地方还保留这种叫法。菠菜是唐代贞观年间由尼波罗国（今尼泊尔）传入的，最初叫波棱菜，后简称菠菜。扁豆原产于爪哇，南北朝时传入我国。刀豆原产于印度，唐代传入我国（图 1–11 至图 1–15）。

图 1–11　茄子

图 1–12　黄瓜

图 1–13　菠菜

图 1–14 扁豆

图 1–15 刀豆

宋代以来，我国蔬菜的种植和食用就更加广泛了。除了从国外引进外，我国古代劳动人民还自行培育出一些极为重要的蔬菜品种，如茭白和白菜等（图 1–16、图 1–17），种植蔬菜的技术也有进步，苏东坡有诗云："渐觉东风料峭寒，青蒿黄韭试春盘。"可见，当时民间也可以在春天吃到新鲜的蔬菜了。

图 1–16 茭白

图 1–17 白菜

到元、明、清以来，又陆续有一些品种加入我国菜谱中。胡萝卜原产于北欧，元代由波斯传入。辣椒和番茄的传入时间还要晚些（图 1–18、图 1–19）。番茄虽由欧洲传入我国，但它的祖居地却是南美洲的秘鲁。番茄原名叫狼桃，秘鲁土著人刚发现它时，还以为它有毒不敢食用。进入清代末期，我国现有传统蔬菜品种基本上都出现了。

图 1-18 胡萝卜

图 1-19 番茄

中国人最讲究饮食，当你大快朵颐时，你是否留心过嘴里的东西来自何方？胡瓜、胡桃、胡豆、胡椒、胡葱、胡蒜、胡萝卜……这些“胡姓”食物的身世又是来自哪里？“胡”字其实代表着古代北方和西方的民族。他们改变了我们的餐桌，改变了我们的口味，改变了我们的生活。

餐桌上，除了“胡”系列果蔬外，还有“番”系列的，如番茄、番薯（红薯）、番椒（海椒、辣椒）、番石榴、番木瓜；还有“洋”系列的，洋葱、洋姜、洋芋（土豆）、洋白菜（卷心菜）等。农史学家认为，“胡”系列大多为两汉两晋时期由西北陆路引入；“番”系列大多为南宋至元明时期由“番舶”（外国船只）带入；“洋”系列则大多由清代乃至近代引入。如此说来，我们的餐桌常见的蔬果都大有来头。

别以为西北太远，但当你细数餐桌上的佳肴时，你会发现西北就在眼前，我们一桌桌的饭菜早就被“胡化”了，留下了西北的烙印，如胡萝卜，原产西亚，阿富汗为最早演化中心，传入我国较晚，但推广很快。明代李时珍说它“元时始自胡地来”。黄瓜，原产印度，李时珍说：“张骞使西域得种，故名胡瓜。”莴苣原产西亚，其种据说是隋政府用重金从国外使者处求得，故民间传为“千金菜”。还有菠菜、紫甘蓝（图 1–20）等。

图 1–20 紫甘蓝

中餐离不开丰富的调味料。葱姜蒜是使用频率最高的调料，荤素都离不开它们。姜，史称“南夷之姜”，是由南方少数民族驯化的。齐桓公伐山戎带回的胜利品中，除了“戎菽”外，还有“冬葱”。“冬葱”即大葱（图 1–21），不同于中原原有的小葱。张骞从西域引进的作物还有“胡葱”“胡蒜”和“胡荽”。胡葱“茎叶粗短，根若金灯”，是大葱的又一品种。“胡蒜”即我们现在常吃的大蒜。“胡荽”即香菜（图 1–22）。另外还有胡椒和茴香，也是自西向东来的。

图 1–21 大葱

据《本草纲目》等多部典籍记载，油菜也是甘肃、青海一带西北少数民族首先种植的，上古时代已传入中原。一开始它被当作菜吃，从唐代开始才有“榨油”的记载，宋代方更名为“油菜”。迄今，油菜的地位远远超过了芝麻，尤其是西南各省“菜油”使用非常广泛。每年春天，油菜花从南往北次第盛开，几乎“黄”遍了整个中国，也是一道亮丽的风景线（图 1–23）。

图 1–22 香菜

图 1–23 油菜

较之蔬菜，西部、北部地区少数民族原产或首先从国外引种的水果种类更多。哈密瓜原产西域，其渊源可追溯到古代的敦煌。敦煌是古羌族活动地区，由于“地出美瓜”，被称为“瓜州”。哈密瓜是甜瓜的一种，古代文献中提到新疆的“甘瓜”“甜瓜”，实际上也是哈密瓜。

第二节 蔬菜品种起源分类

一、西瓜

原产非洲，埃及栽培西瓜已有五六千年的历史，因在汉代时从西域引入，故称西瓜（图 1–24）。

二、番茄

原产秘鲁和墨西哥，19 世纪欧洲人首先开始将番茄作为蔬菜和水果供人们食用。晚清光绪年间，才以食用名义，选择了较好的食用品种引入中国。在此之前，番茄在中国，只是观赏植物。但 1983 年，我国四川省考古队从成都凤凰山的西汉古墓中，发现有番茄等农作物种子，利用其种子，四川省农业科学院还精心培育出了番茄植株，由此证明我国 2 000 多年前就有番茄了。番茄原名叫狼桃，秘鲁土著人刚发现它时，因其色彩鲜艳，一直认为有毒，不敢入口。据说 18 世纪有一位画家，冒着死亡的危险亲口吃下狼桃，然后直挺挺地躺在床上等死，12 小时以后，他还安然无恙，从此番茄才成为美味食品（图 1–25）。

图 1–24　西瓜

图 1–25　番茄

三、黄瓜

原产印度，后来传入中亚。汉朝张骞出使西域，带回来一种

“实长数寸，色黄绿，有刺甚多”的瓜，称为“胡瓜”。后来东晋十六国（公元317—420年）中最强大的后赵开国皇帝石勒，不喜欢这个“胡”字，因而便将它改为黄瓜。传入我国时比茄子晚些，初名叫胡瓜，现在有的地方还保留着这种叫法（图1–26）。

四、豇豆、扁豆

原产印度，南北朝时传入我国（图1–27、图1–28）。

图1–26　黄瓜

图1–27　豇豆

图1–28　扁豆

五、茄子

原产东南亚和印度，约于晋代传入我国，隋炀帝就对它特别偏爱，还钦命为“昆仑紫瓜”（图1–29）。

六、菠菜

原产波斯，唐代传入我国。菠菜是唐代贞观年间由尼波罗国（今尼泊尔）传入的，最初叫波棱菜，后简称菠菜（图1–30）。

七、木耳菜

学名落葵，又叫胭脂菜。原产亚洲及北美洲，宋朝前已有栽培（图 1–31）。

图 1–29　茄子

图 1–30　菠菜

图 1–31　木耳菜

八、莴苣

原产地中海沿岸，我国已有 1 000 多年的栽培历史，宋代以前即已食用，由西域使者来华时传入。有的人认为莴苣是在隋朝传入的，证据是宋代陶谷在其《清异录》云:“呙国使者来汉，隋人求得菜种，酬之甚厚。”但是在葛洪《肘后方》已有莴苣记载。因此莴苣传入中国年代更早（图 1–32）。

九、胡萝卜

原产北欧。元代时，波斯人来中国时带入云南地区，后传遍全国各地（图 1–33）。

十、马铃薯

原产南美。最早是由西班牙人从哥伦比亚带回欧洲，在 16 世纪中期或更晚，从西北或华南传入中国。马铃薯在印度语中叫“万能之物”（图 1–34）。

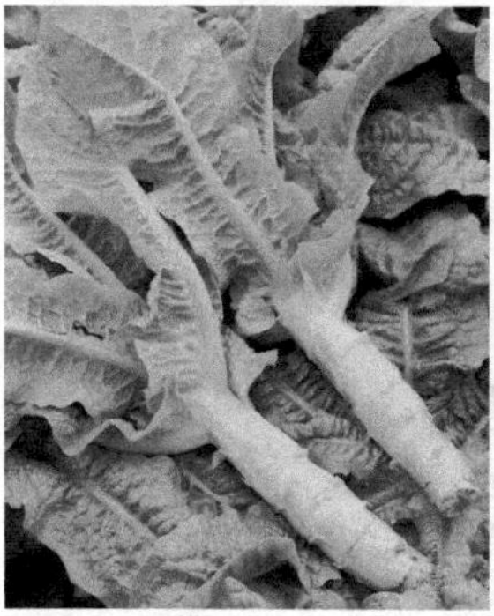

图 1–32 莴苣

图 1–33 胡萝卜

图 1–34 马铃薯

十一、辣椒

原产中南美洲热带地区（图 1–35）。我国栽培辣椒始见于明末，在此之前吃辣都是用茱萸调味。甜椒 18 世纪才始有，19 世纪传入我国。

图 1–35 辣椒

十二、南瓜

原产非洲。由波斯传入我国南方地区，当时叫它为“番瓜”，传入年代不详。还有另一种南瓜原产亚洲东南部，我国栽培历史悠久，估计宋朝时就有了（图 1–36）。

图 1–36　南瓜

十三、四季豆

原产中南美洲，明朝时传入我国（图 1–37）。

十四、西葫芦

即美洲南瓜，清朝中期传入我国（图 1–38）。

图 1–37　四季豆

图 1–38　西葫芦

十五、生菜

原产地中海附近，清晚期引入我国（图 1–39）。

十六、洋葱

原产伊朗、阿富汗，已有 5 000 多年栽培历史，传入我国仅百余年。古埃及是最早种植洋葱地区之一。洋葱开始分布在中东和近东地区，后来传播到全世界。中国古代称为“胡葱”。北魏贾思勰的《齐民要术》就有记载。因此洋葱引入年代不迟于南北朝时期。

洋葱名字得于日本，后来传入中国，成为通用名（图 1–40）。

图 1–39　生菜

图 1–40　洋葱

十七、刀豆

原产印度，唐代传入我国（图 1–41）。

十八、甘蓝

早在 4 000 多年前东南欧地区（特洛伊遗址）就开始利用某些野生甘蓝，传说中的美女海伦也吃过甘蓝。甘蓝流传到我国时间并不长，最早见于书本是 1848 年，当时称其为葵花白菜。其后又称为回子白菜，大概这种叫法跟其丝绸之路传播有关（图 1–42）。

十九、花椰菜

传入中国比甘蓝（包菜）更晚，在 20 世纪初才在广东、福建等地有少量种植。中华人民共和国成立后发展比较快，现已在中国广泛种植（图 1–43）。

图 1–41　刀豆

图 1–42　甘蓝

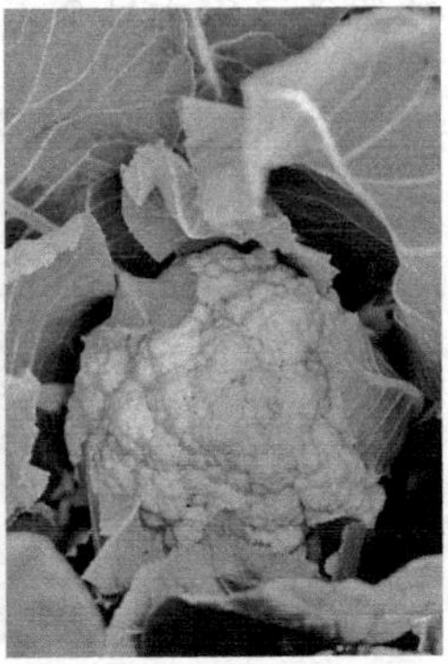

图 1–43　花椰菜

二十、苦瓜

明代以前没有记载苦瓜，一般认为是郑和下西洋的时候带过来的。与郑和同行的费信写的《星槎胜览》中记载了苦瓜。在其同时代《救荒本草》中就把苦瓜列为救荒作物之一，但是当时苦瓜并不普及。直到明代中叶之后在南方才开始普及起来（图 1–44）。

二十一、芫荽

原产欧西南地中海沿岸，后来传入西亚。张骞出使西域的时候把它带入中原，西晋张华撰写《博物志》就记载："张骞凿空，得安石榴（石榴）、胡桃（核桃）、大蒜、胡荽（芫荽）"（图 1–45）。

二十二、丝瓜

原产印度，南宋陆游说："丝瓜涤砚磨洗，余渍皆尽而不损砚（用丝瓜络擦砚台，可以把脏东西全部擦干净，且不伤砚台）。"杜北山写过咏丝瓜的诗，由此说明，丝瓜传入中国不迟于宋代（图

1–46）。

图 1–44　苦瓜

图 1–45　芫荽

图 1–46　丝瓜

二十三、哈密瓜

南宋时期第一次有文献记载。明代以前中原基本很少吃到。明代以后作为贡品（图 1–47）。

二十四、甜菜

原产地中海沿岸和中亚。现在种植面积较大的国家是俄罗斯、法国、美国、波兰和中国（图 1–48）。

二十五、白菜

源于我国，约有 6 000 年的种植史（图 1–49）。

图 1–47　哈密瓜

图 1–48　甜菜

图 1–49　白菜

第二章

现代蔬菜新型栽培模式

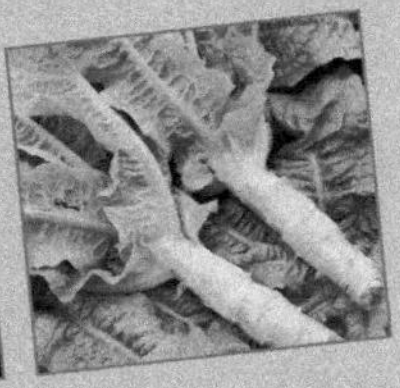

第一节　水培蔬菜栽培模式

一、水培蔬菜概述

水培蔬菜（Hydroponic Vegetables），是指大部分根系生长在营养液液层中，只通过营养液为其提供水分、养分、氧气，有别于传统土壤栽培形式下进行栽培的蔬菜。水培蔬菜生长周期短，富含多种人体所必需的维生素和矿物质（图 2–1）。

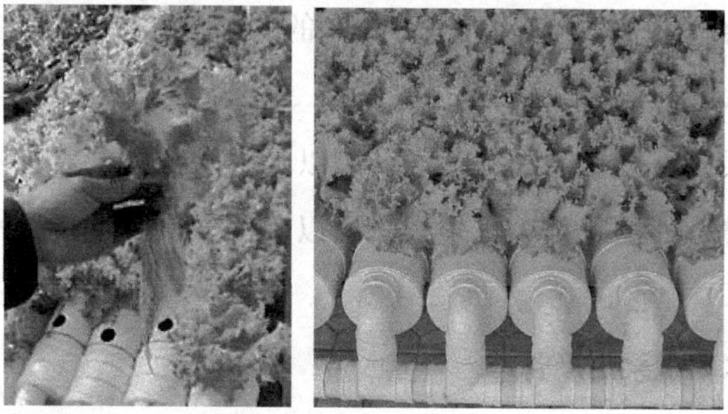

图 2–1　水培蔬菜

1. 水培适宜品种

水培蔬菜以叶菜类最为常见，方便管理。常栽培生菜、木耳菜、空心菜、紫背菜、叶甜菜、苦苣、京水菜、豆瓣菜等叶菜类，除叶菜类蔬菜外，还有一些果菜类蔬菜也可以水培，如黄瓜、甜瓜、番茄等。

2. 水培与无基质栽培区别

水培是无土栽培的一种，区别于无基质栽培，无基质栽培类型是指植物根系生长的环境中没有基质固定根系，根系生长在营养液或含有营养液的潮湿空气中，但育苗时可能使用某些基质。水培指植物大部分根系直接生长在营养液液层中的无土栽培方式（Water Culture，Solution Culture）。主要有营养液模技术（NET，Nutrient Film Technique），植物被种植于 1 ～ 2cm 厚的不停循环流动的浅层营养液层上；深液流技术（DFT，Deep Flow Technique），营养液层深度最少 4 ～ 5cm，最深 8 ～ 10cm，有时甚至更深，营养液按设定频率循环流动；浮板水培技术（FCH，Floating Capillary Hydroponics），在较深（5 ～ 6cm）的营养液液层中放置一块上铺无纺布的泡沫塑料，根系生长在湿润的无纺布上。

3. 水培蔬菜的特点

根系以乳白色毛细根为主，用以吸收水分和营养；根系适应水生环境，外围有部分气生根，用以吸收氧气；生长周期短，上市早。

4. 水培蔬菜生产管理

以管道式水培蔬菜生产设备为例。生产管理主要是对营养液供液时间和供液次数的调节。营养液的供液时间和供液次数主要依据栽培形式、蔬菜生长状态、环境条件。在栽培过程中应适时供液，保证充足的养分供应。供液时间一般选择在白天，夜间不供液或少供液。晴天供液次数多些，阴雨天少供液；气温高光照强时多些，反之少些。通常情况下，每天供液 2 ～ 4 次，每次把握在 30min 即可。这一点可以用时间控制器进行适时调节。

营养液使用一段时间后应适时更换。因为营养液在使用过程中会逐渐积累过多的有碍于植物生长的物质，营养不均衡，病菌大量繁殖，致使根系生长受阻，甚至导致植株死亡。一般对生长周期较短的蔬菜来说，每茬更换一次营养液；果菜类，每 1 ～ 2 个月更换一次营养液（图 2–2）。

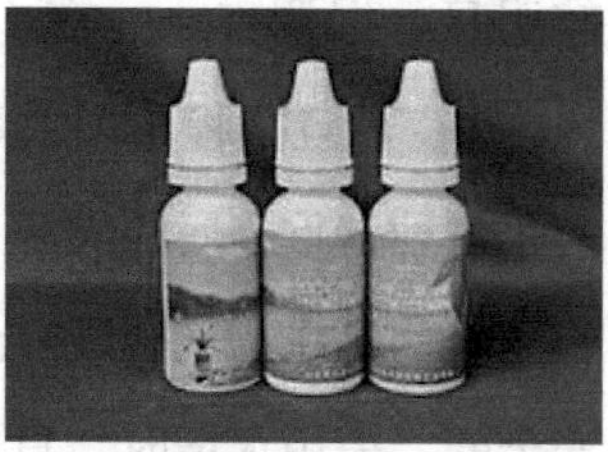

图 2–2　水培营养液

水培营养液配制：营养液配制是水培蔬菜正常生长的核心技术，同时也是无土栽培的基础和关键。根据植物生长对养分的需求，把一定量肥料按适宜比例溶解于水配制而成的溶液称为营养液。水培的成功与否在很大程度上取决于营养液配方、浓度、各种营养元素的比例、酸碱度、液温是否合适，以及植物生长过程中的营养液管理是否能满足各个不同生长阶段的要求。只有采取正确的配方，按适宜的方法配制和管理营养液，使植物在生长发育的任何时期都处于最适宜的营养液环境中，植物才能将更多的能量用于生长、开花、结果，从而获得快速、高产、优质的栽培结果。只有深入了解营养液的组成原理、营养液的变化规律以及调控方法，才能真正掌握水培的精髓。营养液的配置和管理，绝不是机械地拿来已有的配方，照方抓药似的将几种肥料溶解在水里那么简单的事情。因为不同的水质、栽培方式、气候条件、栽培时期都对营养液的配制与使用效果有很大的影响。只有正确地、灵活地配制和使用营养液，认真实践，才能取得栽培上的成功。

5. 水培蔬菜优点

从育苗到采收，各个环节都有严格的操作规程，类似“工厂化”生产。水培蔬菜所需的营养液都是循环使用，节水节肥效果比较明显。据调查，一亩（1 亩 ≈667m^2）地的水培蔬菜一天只消耗 1m^3 水。而且全程不用农药，避免“毒菜”出现。现在的土壤经过多年耕种，重金属、农药、肥料都残留在土壤中。当季作物即使不施用农药，作物也会吸收土壤中的农药残留，种出来的蔬菜未必是安全的。采用水培时，只要保证水源充分过滤和肥料合格，就能有效避免重金属污染、农药残留问题。传统的叶菜都是在大田撒播，生长周期在 60 ～ 70d。水培蔬菜由于提前在苗床育苗，然后移栽到栽培槽内，一般 1 个月就可以上市销售，一个大棚一年可以种植多茬，生长期大大缩短。由于接触不到土壤中的各种病原菌，加上生长周期短，水培蔬菜几乎也不会有病害发生，所以不需要喷施农药，这就有效解决了消费者最担心的农药残留问题。

二、水培栽培技术要点

（一）浸种（重点是水温和时间）

1. 热水烫种

特点：水温为 75 ～ 85℃(浸种时间较短)，利用高温杀灭病菌，风险性大，宜慎用；主要适用于难吸水的种子如冬瓜，苦瓜等。操作：要求种子干透，将种子放入容器中，迅速倒入 80 ～ 85℃热水，热水刚刚淹没种子，同时要搅拌，5s 后，再倒入凉水使水温降至 50℃。

2. 温汤浸种

特点：水温为 55 ～ 60℃（浸种时间较短），消除种子表面病菌，适于种皮较厚的种子如番茄（5 ～ 6h）、辣椒（8h）、茄子

（10～12h）等。操作：倒入热水，使水温达到55℃，需按同一方向不断搅动，让水温自然冷却，继续浸种。

3. 温水浸种

特点：水温为25～30℃，吸水慢，无消毒作用，对一些种皮薄、吸水快的蔬菜种子，多用温水浸种。

浸种结束的标志是：种皮变软，切开种子，种仁（即胚及子叶）部分已充分吸水时为止。

注意事项：浸种所用的容器不允许带有油、酸、碱等物质；无论何种水温，都应注意搓洗种皮上的黏物，有利于种子吸水；对种皮坚硬的瓜类则要嗑开种皮，嗑开种皮后的种子不能再进行浸种，以免影响发芽。

（二）催芽

（1）催芽是种子在消毒浸种后，人为控制条件，使种子的养分快速分解转化，供给幼苗生长的重要措施。

（2）催芽方法。将浸完种的种子用略带潮湿纱布包好放在干净的容器中（以泥盆为好，因泥盆既吸水又通气），盆上覆以清洁毛巾或麻袋等物，防止水分蒸发，然后置于适温下催芽。

注意事项：器具和布包要干净；催芽期间每天清洗种子一次，以防霉变；种子堆积不宜太厚，要适当翻动；当种子有60%“破嘴”（露白）时催芽可结束；催芽容器也可用泡沫箱等保温容器。

（三）育苗

（1）先将种子进行浸种催芽处理。

（2）育苗海绵浸泡 2h，挤压掉育苗海绵中的水分。让海绵吸足育苗 0.5 倍营养液。

（3）种子催芽后，将种子种到育苗海绵“工”字形开口处，深度 2 ～ 3mm，长的种子横放或把露白一头插入海绵中，另一头离海绵表面 2 ～ 3mm。

（4）把育苗海绵放到育苗盘中，再放到育苗托盘中放入营养液。水位的高度以接触到育苗海绵 1/3 为宜。

（5）在育苗海绵上覆盖一层保鲜膜放在有阳光或有植物灯辅助照明（部分植物需要遮光）的地方。

（6）海绵发白表面干燥，需要浇水或采用园艺座盆方法浇水（如果用潮汐式育苗方式效果最佳）。

（7）经常检查，看到海绵干就要及时浇营养液，保证植物生长。

（8）苗长出 2 ～ 4 片真叶时，就可以移植（对于管道和雾培等有 4 片真叶时移植，根会更加健壮一些，成活率会更加高）。

三、无土育苗主要方式之海绵块育苗法示例

选用平底育苗盘和托盘作为容器（图 2–3），将聚氨酯泡沫育苗块（图 2–4）平铺在平底育苗盘中喷清水，把经过消毒、浸种、催芽后的种子插入育苗块的“工”字形缝中，发芽前每天只需适当喷清水即可。当种子发芽并长出第一片真叶后在育苗盘中加入浓度为 50% 或 30% 的营养液，待成苗后一块块分离育苗块，定植到种植槽中。

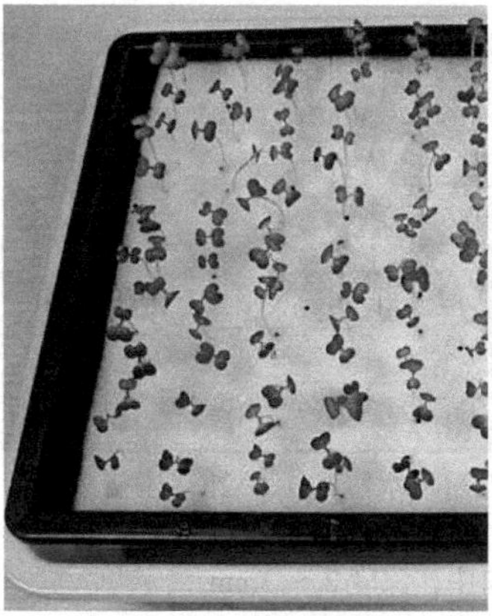

图 2–3　育苗盘套装

图 2–4　育苗海绵块

海绵块育苗需要注意 3 点：一是选择的聚氨酯泡沫密度要适宜，过于致密，根系不易下扎，过于疏松，持水量太少；二是喷施浇灌营养液的量要适宜，应以少量多次为原则，育苗托盘底部积液深度以达到育苗海绵块高度的 1/3 为宜，积液过多容易沤根，过少种子容易干燥；三是必要时可以在播种后覆盖地膜保湿，出苗后覆盖塑料拱棚或者加盖透明罩保湿（图 2–5、图 2–6）。

图 2–5　自制育苗温棚

图 2–6　育苗盒

图 2–7 是水培育苗图解。

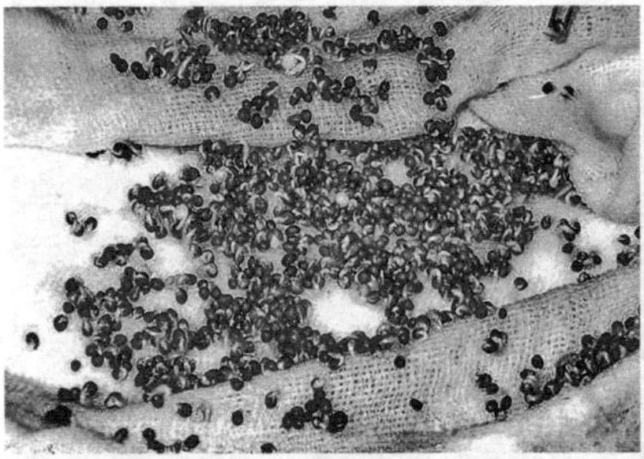

种子催芽后露白即可播种

海绵用清水浸泡 1 ～ 2h，压挤多余清水。把种子播入育苗海绵“工”字形刀口中，深度 2 ～ 3mm

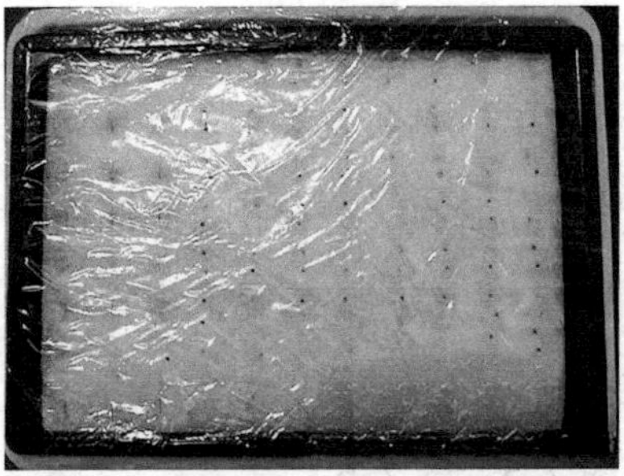

播种后盖上保鲜膜保湿

在植物发芽前，育苗托盘中放清水，水位到海绵 1/4 即可。植物发芽后，清水换成育苗营养液

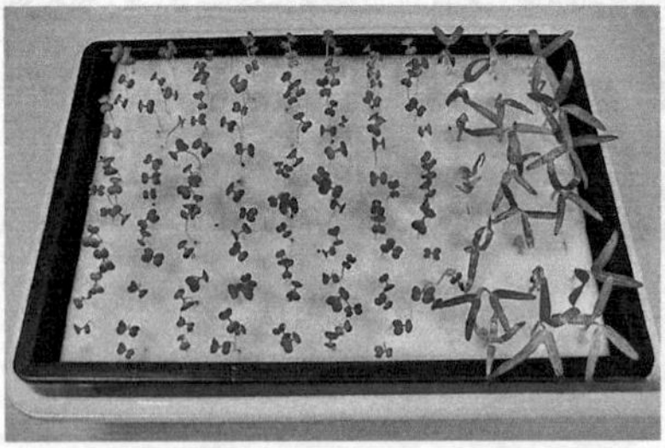

种子出芽后及时把保鲜膜揭开

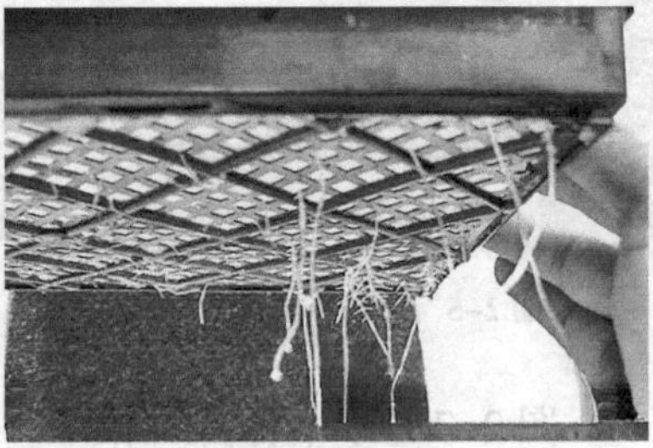

育苗 5d 后的根

育苗 10d

移植时先把需要移植苗的海绵和整块海绵分开

把带苗海绵轻轻取出

取出的小苗

先把根穿过定植篮中间孔，再把苗慢慢放入定植篮

移植完毕

摆放整齐

图 2–7　水培育苗图解

四、水培蔬菜注意防止幼苗徒长和僵苗（老化苗）

1. 幼苗徒长产生的原因和解决办法

（1）引起幼苗徒长的原因很多。

①光照不足。光线会抑制植物节间的生长，这种影响随着光线强度的增大、光照时间的增长而增强，故幼苗在弱光、光照时间过短的情况下容易节间生长而徒长，在强光下、光照时间长时节间较短。而且不同的光质也会影响幼苗茎的生长，通常情况下，红橙光是光合作用最有效的光线，可以使幼苗生长速度加快，但是节间长，茎细弱；蓝紫光可以使幼苗生长矮壮，其中紫外光线对抑制幼苗徒长、促进幼苗矮壮的作用最强。

②温度过高。温度尤其是夜间温度过高，幼苗会因为呼吸作用加剧消耗过多的光合产物和养分，也容易引起徒长。

③氮肥过多。在幼苗期追施氮肥过多或者次数过勤，易引发徒长。

④水分过多。育苗海绵内水分过多，将会导致根系空气含量减少，使根系的活力降低，如果此时再遇到较高的气温和较弱的光照，幼苗极易徒长。

⑤播种过密。播种量过多，或者播种量合适但播种不均匀，造成局部面积内播种过密，幼苗间相互遮挡光照，出现争抢光照、水分、空气的情况，也会诱发徒长。

⑥移苗不及时。幼苗在子叶展开而又未及时假植时，易徒长。

在实际栽培过程中，幼苗徒长往往是几个因素共同作用的结果，因此在预防和解决徒长问题时要通盘考虑。

（2）预防和应对徒长的办法和措施如下。

①种子催芽时间不能过长，当种子露白或者生出 1 ～ 2mm 的根时就应该马上结束育苗，立即进行种植。

②播种密度不宜太大，如果是直播种植，要尽量做到播种均匀。

③发现种子发芽后就要及时去除覆盖物，通风降温，并将幼苗移至有光线的地方；如果光照太强，可以适当采取一些遮阳措施。总之，越早见光越好。如果条件允许，可以进行适当的补光工作。家庭种植补光以日光灯、荧光灯（最好是三基色荧光灯）为佳，补光的时候把灯管架设在幼苗上方 20 ～ 40cm 处，太低容易烤坏幼苗，荧光灯管也有一定的热量；太高光的强度不够，达不到效果。

④及时间苗、假植和定植。

⑤加强通风，控制温度湿度。

⑥严格控制水分和追肥，需要追肥时，不能偏施氮肥。

⑦幼苗在定植以前，随着叶片的发育，往往会出现过度拥挤的现象，此时应当适当移动幼苗，使大小苗分开，并尽量扩大单株苗的生长空间。

⑧一旦幼苗出现徒长现象，应该立即采取以上措施，同时还可以使用生长调节剂进行控制，例如使用 100 ～ 300mg/L 的矮壮素或者 5 ～ 15mg/L 的多效唑进行处理。

2. 老化苗产生的原因和解决办法

当幼苗的生长发育受到过分抑制时，幼苗生长缓慢或停止。苗体小。根系老化发锈，不长新根，茎矮化，节间短，叶片小而厚，深暗绿色，幼苗僵硬而没弹性。这种苗定植后，发棵慢、早衰、产量低。产生幼苗老化的原因主要是苗床过干、温度过低，育苗期间因担心徒长长期控制水分，最容易造成幼苗老化；如果温度过低，则加速幼苗老化。针对以上幼苗的老化原因，首先育苗期不宜过长，应合理控制育苗环境，采用新的育苗方法，提高育苗温度和水分供给，发现幼苗老化除注意温度和湿度外，喷施赤霉素 10 ～ 30mg/L，一周后就可逐步恢复正常。

第二节　气雾栽培蔬菜栽培模式

气雾栽培是一种新型的栽培方式，植物悬挂在一个密闭的栽培装置（槽、箱或床）中，而根系裸露在栽培装置内部，利用喷雾装置将营养液雾化为小雾滴状，直接喷射到植物根系以提供植物生长所需的水分和养分，同时根能够吸收充足的氧气。它以人工创造植物根系环境取代了土壤环境，可有效解决传统土壤栽培中难以解决的水分、空气、养分供应的矛盾，使作物根系处于最适宜的环境条件下，从而发挥作物的增长潜力，使植物长得更好、产量更高（图 2–8）。

气雾栽培除了加快植物生长速度、缩短植物生长周期外，还有以下诸多优势。①节水、节肥；②使用的农药可以做到用量最小化或者实现免农药栽培；③植物的增产率大大提高；④种植的环境不受局限；⑤无污染物及污染源的产生，保障了人类健康，维护了生态环境。但也有不足：①初期投入大；②不能缺电，停电 6h 以上植物会死亡。

图 2-8　气雾栽培蔬菜

第三节　蔬菜无土栽培

蔬菜无土栽培是当今世界上最先进的栽培技术，由于无土栽培比有土栽培具有许多优点，因此近几年来无土栽培面积发展呈直线上升趋势。一般无土栽培的类型主要有水培、岩棉培和基质培三大类。不同地方进行无土栽培生产时，由于配制营养液的水的来源不同，可能会或多或少地影响配制的营养液，有时会影响营养液中某些养分的有效性，有时甚至严重影响作物的生长。因此，在进行无土栽培生产之前，要先对当地的水质进行分析检验，以确定所选用的水源是否适宜。

无土栽培生产中常用自来水和井水作为水源，有些地方还可以通过收集温室或大棚屋面的雨水来作为水源。究竟采用何种水源，可视当地的情况而定，但在使用前都必须经过分析化验以确定是否适用。如果以自来水作为水源，应对自来水进行处理，因为自来水中大多含有氯化物或硫化物，对植物有害。如果以井水作为水源，要考虑当地的地层结构，开采出来的井水也要经过分析化验。如果是通过收集雨水作为水源，因降雨过程会将空气中的尘埃和其他物质带入水中，因此要将收集的雨水澄清、过滤，必要时可加入沉淀剂或其他消毒剂进行处理。如果当地空气污染严重，则不能利用雨水作为水源。一般而言，如果当地的年降水量超过 1 000mm 以上，则可以通过雨水收集来满足无土栽培生产的需要。有些地方在开展无土栽培生产时也将较为清洁的水库水或河水作为水源。要特别注意不能将流经农田的水作为水源。在使用前要经过处理及分析化验来确定其是否可用。利用≤ 15° 的硬水来进行无土栽培较好，硬度太高不能作为无土栽培生产的用水，水培尤不适宜。酸碱度：范围较广，pH 值为 5.5 ～ 8.5 的均可使用。悬浮物：≤ 10mg/L。河水、水库水等要经过澄清之后才可使用。氯化钠含量：≤ 100mg/L；溶解氧：无严格要求，最好是在未使用之前≥ 3mgO_2/L；氯（Cl_2）：主要来自自来水中消毒时残存于水中的余氯和进行设施消毒时所用含氯消毒剂，如次氯酸钠（NaClO）或次氯酸钙［Ca（ClO）$_2$］，残留的氯应≤ 0.01%。

1. 注意事项

（1）配制营养液时，忌用金属容器，更不能用它来存放营养液，最好使用玻璃、搪瓷、陶瓷器皿。

（2）在配制时最好先用 50℃的少量温水将各种无机盐类分别

溶化，然后按照配方中所开列的物品顺序倒入装有相当于所定容量75%的水中，边倒边搅拌，最后将水加到足量。

2. 营养液管理常见问题分析

近年来，无土栽培在国内外蔬菜设施栽培中发展迅速，在克服连作障碍、拓展蔬菜种植领域、抵御不良环境、生产无公害蔬菜等方面，具有常规土壤栽培难以比拟的优越性。但由于无土栽培的核心技术营养液的配制与管理，受栽培环境、作物种类、生产者技术水平等诸因子的制约，在一定程度上限制了无土栽培的推广和应用。

（1）营养液配制。除无土栽培专用肥外，目前各地也使用单一肥料及与水质相适应的混配化肥，但肥料用量的计算、配制、调节等较为复杂，容易出现一些问题。①肥料计量器具未校正或校正有误，造成配制的母液浓度、组成与原设计不同；肥料溶解先后顺序错误，未能全溶；忽略了肥料元素表示法和氧化物表示法的不同，造成营养液配制错误。②采用普通肥料，纯度过低，原液配制时发生沉淀；从补水口附近取样，造成分析结果偏低。由于从取样到结果分析需要时间，难以及时调整肥料组成和浓度。③漏加微量元素，引起全部植株发生微量元素缺乏症，产生茎叶黄化现象。④循环式营养液栽培中常用电导率（EC）变化来调控总离子浓度，但EC值变化不能反映营养液中单一元素浓度及各组分比例等变化，造成营养过剩或缺乏。例如，有时发现循环营养液中磷浓度过低，则提高磷浓度，造成磷被过量吸收，发生叶片黄化现象。⑤为提高营养液pH值，增施铵态氮，但因作物优先吸收铵态氮，营养液中剩余较多的硝态氮，结果导致pH值更低。

（2）营养液供给。营养液供给障碍以灌水管和滴管头堵塞最为常见，尤其在岩棉及基质栽培中发生较多。①滴管喷嘴堵塞。使用后喷嘴未充分洗净，肥料结晶，堵塞喷嘴，施工时灰尘不慎进入供液管，造成喷嘴堵塞。有时喷嘴虽畅通，但管内大量滋生藻类，造成供液障碍，应及时用双氧水清洗。②灌水管障碍。使用质量较差的灌水管，生育后期因堵塞造成供液不均，生长发育受阻，随生育进程供液量突然增加，灌水管破损，造成供液障碍。③茄果类、瓜类等蔬菜作物植株调整时，滴管头偏离位置，植株不能及时获得营养和水分，造成植株萎蔫。此外，虽供液正常，但水压过低，供液量少，也会造成作物萎蔫。

（3）控制系统。控制系统常会因环境因素、人为操作及突发条件等改变而出现障碍，应随时检查、维修。① EC 计传感器部位附着气泡或灰尘，造成浓度测定异常，难以正确调控营养液浓度；使用简易 EC 计，因不校正温度，故浓度测定与调整也不准确。②酸度计发生故障，调节 pH 值时可能将大量的强酸或强碱送入培养液，引起作物枯萎。③温室内插座防水性能差，漏电使自动保护器启动断电，自动控制装置不能继续工作；因故改换手动操作后，未再回到自动调控档，不能自动调控。④停电后再供电，定时供液开关未重新调整，造成供液时间混乱，引起供液障碍。

（4）营养液滞留。在营养液供应水分和养分的同时，如何满足根系呼吸必需的氧气，关系作物正常生长发育的关键。生产中尤其应注意，高温期营养液不能滞留于根际周围，以免影响氧气供应。①岩棉栽培因排水不良，引起营养液滞留于根际，发生根腐病。②营养液膜（NFT）栽培因栽培床坡降过小，营养液循环不畅、滞留，造成供氧不足，植株发生萎蔫。③深液流栽培因鼠害、虫害及机械原因等造成栽培床渗漏，营养液栽培不能正常进行。

（5）岩棉栽培。岩棉是一种用多种岩石熔融在一起，喷成丝状冷却后黏合而成的疏松多孔、透水透气、性能优良的无土栽培基质。荷兰、日本等无土栽培发达的国家近年来着力发展园艺植物岩棉无土栽培，取得了良好的效益。现岩棉栽培技术已在包括我国在内的许多国家推广应用，但由于未充分了解和掌握岩棉的特性和应用特点，实际应用中也出现了不少问题，须引起注意。①岩棉种植垫未预先在营养液中充分浸泡，幼苗种植后，尽管持续滴灌，但种植垫吸水远远不够，仍处于干燥状态，造成幼苗萎蔫。栽培中种植垫一旦干燥，即使继续供液，植株也会马上萎蔫。此外，供液不足也会发生萎蔫，应将种植垫浸液处理。②栽培床较长而不甚平整时，岩棉块依次码开，培养液则由高处向低处移动，位于高处的植株则发生萎蔫。③床温及基质温度对岩棉栽培有重要影响。茄果类、瓜类蔬菜在8月和12月至翌年1月定植时常因温度过高、过低而生长不良，须调控温度。④上茬收获后，马上定植下茬幼苗，因前茬作物残根尚在岩棉种植垫内，迅速腐烂，抑制幼苗根系生长，造成生育障碍。⑤茄果类等蔬菜根系生长迅速，穿透包被岩棉种植垫的无纺布或薄膜，伸入土中，引起枯萎病。

（6）椰糠栽培。椰糠是从椰子外壳纤维加工过程中脱落下的一种纯天然的有机质介质，是天然植物可再生资源。它具有清洁、无污染、通透性好、理化性质稳定、可控性好、可重复利用、成本低等多重优点。①相较于成品的岩棉无土栽培条，椰糠条的成本更低。②椰糠可压缩，成品运输极为便利。③椰糠是植物性材料，有条件的种植者自己可完成回收处理，并在此过程中能产生一定的效益。④椰糠栽培条透气性与保水性可调整的范围更大。⑤椰糠无土栽培基质在使用时的缓冲能力比岩棉更强。偶然的操作失误所产生的灌溉波动对于作物状态的影响更小。无土栽培椰糠基质劣势：①无土栽培椰糠条在使用前期会固定营养液中大量的钙元素，造成无土栽培营养液配制环节中种植者对于钙元素用量的错误判断。②在椰糠条生产过程中产生的大量细小灰质，无法通过水洗彻底地从产品中剔除，这些杂质在种植生产前即使进行了大量的冲洗，仍然会持续地从椰糠条中被回液带出。③无土栽培椰糠条的泡发相对烦琐。选择未开排水孔的椰糠条在泡发后需要花费大量的人工进行开口工作。若采用已开好排水孔的椰糠条，则会存在部分无土栽培椰糠条无法充分泡发的现象。④无土栽培椰糠基质同一批次产品中椰块与椰糠的比例波动较大，因此使用过程中会出现个别椰糠条透气或持水性较差，甚至同一基质袋中糠、块分布不均匀，性能差异较大的现象。

（7）泥炭土。泥炭土指的是在山间、河湖、谷地等地区积攒沉淀下来的土壤，里面有很多没有分解的植物。主要是取自沼泽泥炭地，还有水藓泥炭地，适合用来养花，里面含有很多养分，能促使花卉植物更旺盛地生长，也有一定的保水保肥的能力。但是时间长了土壤容易板结，还会破坏生长环境，因此要定期更换。泥炭土的优点：土壤含有充足的养分和丰富的腐殖质，可为植物生长提供充足的养分，并具有很强的保水保肥能力，降低失水速度，避免土壤盘瘠。缺点：使用时间过长，泥炭土会导致土壤板结，影响正常生长。从长远来看，植物可能会变弱并死亡。而从环境的角度来看，大量的开发泥炭土会破坏生长环境。泥炭土的区分方法：①根据重量，泥炭土越轻，质量越好。由于泥炭土在一定条件下主要由草、树叶和树根构成，其密度小于水土。如果泥炭土的含水量或含土量高，就会显得很重。②用手抓一把泥炭土，约1min后松开。泥炭土散了就是优质的，不散的就不是好的泥炭土。③水洗法，因为泥炭土最后是由多年生植物腐殖质形成的，有很多纤维组织，好的泥炭土用水轻轻冲洗后会留下很多纤维。

第三章

蔬菜品类及高效栽培技术

第一节　适合夏天种植的蔬菜品种

夏季气温最高，雨水大，风力较强，多南风，蔬菜种植以耐热、生长期短的叶菜类为主。

夏大白菜、早秋大白菜：夏大白菜一般于 4 月下旬至 7 月上旬播种。早秋大白菜 7 月下旬至 8 月上旬播种。以耐热早熟的品种为主，如早熟 5 号、早熟 6 号、夏阳白菜等。生长日期 60d 左右，前 30d 是外叶生长，后 20 ～ 30d 是叶球生长。因此像早熟 5 号也可在前 30d 按小白菜采收。多为直播间苗，少用育苗。施肥特点是前期以速效氮肥为主，结球期再施三元复合肥。直播或营养钵育苗，选用耐热力强、生长期短、不易抽薹、包心紧实、抗病的品种。如日本夏阳早熟 5 号、抗热王等，稻草或遮阳网覆盖。用营养钵育苗的苗龄 20d。

豇豆、四季豆：低温催芽，7 月至 8 月上旬直播。

秋西瓜：7 月上中旬直播。选用耐热、抗病、生育期短、品质好的早熟或中早熟品种。

甘蓝：7 月上旬至下旬。播后加盖遮阳网。

大番茄、樱桃番茄、黄圣女果：在 7 月中旬至 8 月上旬用营养土播种育苗。播后加盖遮阳网。

茄子：7 月上中旬及时定植。

辣椒：7 月上中旬。在 7 月中旬至 8 月上旬用营养土播种、遮阳网覆盖育苗。

芹菜、西芹：6 月下旬至 8 月上旬遮阴防雨育苗。西芹于阴凉湿润处催芽，搭 1m 高花荫棚。

小白菜：分为白梗的上海小白菜、温州反交白等；青梗的华王青梗、上海中萁等。其生长日期仅 25 ～ 30d，生长期中主要以追施速效氮肥为主。

夏甘蓝：以夏光、中甘 8 号、台湾农友的南阳、夏秋等耐热品种为主。一般育苗移栽，苗龄 30d，可在 20d 苗龄时假植来培育壮苗。定植时密度高达每亩 3 000 ～ 4 000 株，定植后 60d 采收。

其他品种如葫芦、苦瓜、通心菜、芹菜、南瓜、冬瓜、苋菜、苦瓜、黄瓜、番茄、茄子、生菜、芦笋、辣椒、丝瓜、冬瓜、菜豆、茭白、洋葱、佛手瓜、龙须菜、地瓜叶、竹笋、卷心菜。注意阳光太大时，适当增加遮阳网。另外，苦瓜和丝瓜生长旺盛时期，结瓜多，要注意追肥、整枝，提高雌瓜率。夏冬瓜要注意整枝、追肥、盖瓜草；清洁田园，堆制营养土。清除菜园作物的残枝、病叶，将其晒干烧毁、灭菌、灭虫。营养土用猪粪、牛粪或家禽粪、渣肥、园土各 1/3 堆制，加 1% 过磷酸钙、1% 生石灰拌匀封严堆制。

第二节　适合夏季育苗的蔬菜品种

夏季高温季节主要育苗蔬菜有花椰菜、大白菜，延晚栽培的有番茄、茄子、甜椒，还有晚甘蓝、芹菜、芥菜、莴笋等。夏季高温多雨，且病害发生重，这是培育壮苗的主要障碍。在育苗时应采取以下措施，以保障幼苗正常生长及幼苗质量。

防止高温危害的育苗技术：高温不利于一些蔬菜幼苗生长，如芹菜、莴苣发芽困难，为防止高温危害，可采用下列措施。在苗床上撒一些截短的玉米秸、麦秸；用遮阳网覆盖苗床，也可用竹帘、芦苇帘等搭成遮阴棚；在高棵蔬菜下播种育苗等，而且要选择通风良好的地块做苗床。通过上述遮阴办法可使温度下降，透光率降低，利于菜苗出土和生长。另外，在高温季节为提高种子发芽率，可在井中或其他冷凉地方进行，如芹菜、莴苣种子催芽，或将种子进行低温处理，如芹菜在 2 ～ 5℃环境条件下处理 48h，莴苣在 5℃环境条件下处理 72h，具有明显地促进发芽效果，发芽率可加倍，其方法为浸种 8h 后用湿纱布包裹然后低温处理，处理后待种子萌动直接播种。

防止暴雨危害的育苗技术：夏季暴雨一方面使土壤板结，不利于种子发芽出土，另一方面易造成涝灾，可采取以下措施防止。选择高地建造苗床；苗床四周要排水通畅，遇暴雨及时排除积水；采用临时覆盖减轻暴雨危害；播种后如遇暴雨而种子未萌动时，雨后应在苗床上浅耙，防止土面板结等。

防止高温干旱的育苗技术：有些年份或地区夏季育苗时遇到干旱，可采取以下措施。在苗床中浇足底水后播种，或充分灌水，然后整地，乘墒播种；播种覆土后，采取镇压土面的方法保墒；在早晨或晚上往苗床“漂水”（水到即止）；借墒播种，即开穴点播，第一穴播后暂不覆土，在挖第二穴时，将从中挖出的湿土为第一穴覆土等。

防止病毒病为害的育苗技术：高温情况下有些蔬菜病毒病发生十分严重，可采取如下措施预防。降低苗床温度，有利于预防病毒病的发生；用清水浸泡 4h，捞出后再放入 10% 磷酸三钠液中浸种 20min，然后用清水漂洗干净；选择抗病毒病品种栽培；用尼网纱防蚜育苗；采用工厂化育苗等。

防止秧苗徒长的育苗技术：高温季节育苗有的蔬菜秧苗极易徒长，如番茄、黄瓜等，可采取以下措施加以预防。浇水量一般不可过大，在傍晚或早晨用喷壶洒水，切忌大水漫灌；扩大秧苗营养面积或及时分苗或间苗；喷施生长抑制剂控制黄瓜、番茄苗徒长，如番茄在 5 叶、7 叶期用 40% ～ 50% 的矮壮素 1 000 倍液各喷一次，可使幼苗粗壮、叶色浓绿、叶片增厚，促进花芽分化。

第三节　夏季种植品种光照需求

适合全日照的，一年四季均可种植的蔬菜有黄瓜、苦瓜、番茄、芥菜、西葫芦、青椒、莴苣、韭菜等。冬季这些菜地都能受到阳光直射，再搭起简易保温设备，也可以给冬季生产蔬菜创造一个良好的环境。而夏季则需要注意遮光保护。

半日照，适宜种植喜光耐阴蔬菜，如洋葱、油麦菜、韭菜、丝瓜、香菜、萝卜等。但朝西夏季西晒时温度较高，使某些蔬菜产生日烧，轻者落叶，重者死亡，因此最好栽植蔓性耐高温的蔬菜。

耐阴的蔬菜种植，如莴苣、韭菜、芦笋、蒲公英、空心菜、木耳菜等。在夏季，对后面楼层反射过来的强光及辐射光也要设法防御。有些菜地可能会在围栏和房子之间，房子和围栏的距离以及过道的朝向，决定着每天太阳在菜地上的日照时间，那么根据菜地的日照时间长短，可以确定在菜地上种植何种蔬菜比较合适。

黄金原则：如果菜地日照时间超过 8h，基本可以视同全日照菜地，如果不够 8h，那就适宜种植喜光耐阴蔬菜。如果全天几乎没有日照，蔬菜的选择范围就比较小，应选择耐阴的蔬菜种植。

第四节　遮阳网技术的应用

目前，遮阳网作为一种新型覆盖材料在蔬菜生产中被广泛应用，并由夏秋高温季节为主，扩展到周年应用，是大棚设施周年利用不可缺少的辅助材料。遮阳网又名凉爽纱、寒凉纱，它是以聚烯烃树脂为主要原料，并加入防老化剂和各种色料，经拉丝编制而成的一种轻量化、高强度、耐老化的网状新型农用塑料覆盖材料。

遮阳网覆盖栽培具有遮光、调温、保墒防暴雨、防大风、防冻、防病虫鼠鸟害的多种功效。与普通的苇帘、纱帘、草帘相比，具有寿命长、重量轻、操作方便、便于剪裁拼接、保管方便、体积小、用时省工省力等优点。遮阳网覆盖栽培与露地栽培相比，平均亩产量、亩产值、亩纯收入分别增长 26%、34%、38%左右，使用时应根据不同需要加以选择。

颜色：常用的遮阳网有黑色、银灰色、黄色、蓝色、绿色等多种。以黑色、银灰色在蔬菜覆盖栽培上用得最普遍。黑色遮阳网的遮光降温效果比银灰色遮阳网好，一般用于夏秋高温季节和对光照要求较低、病毒病害较轻的作物，如伏秋季的小白菜、娃娃菜、香菜、芹菜、大白菜、菠菜等绿叶蔬菜的栽培。银灰色遮阳网的透光性好些，且有避蚜作用，一般用于初夏、早秋季节和对光照要求较高的作物，如萝卜、番茄、辣椒等的覆盖栽培。用于冬春防冻覆盖，黑色、银灰色遮阳网均可。

遮光率：遮阳网有75%和45%两种遮光率。在覆盖栽培中根据不同的需要加以选择。如夏播叶菜类覆盖栽培的白菜、芥菜等，在夏季高温强光照条件下难以正常生长，采用遮阳网覆盖，可明显提高产量和质量。一般选用遮光率较高的遮阳网，春夏茄果类蔬菜延后栽培覆盖，用其覆盖植株生长良好，并能防早衰；防治果实“日灼病”，一般宜选用遮光率适中的遮阳网。冬春防冻覆盖，选用透光率较高的遮阳网为好，夏秋季育苗或缓苗短期覆盖，多选用透光率不高的黑色遮阳网，为防病毒病，也可选用银灰网或黑灰配色遮阳网。全天候覆盖的，宜选用遮光率低于40%的遮阳网或黑灰配色网，也可选用SZW-12、SZW-14等透光率较高的遮阳网单幅间距30～50cm覆盖，或搭设窄幅小平棚覆盖。

遮阳网一般的产品幅度为0.9～2.5m，最宽的达4.3m，目前以1.6m和2.2m的使用较为普遍。可利用温棚骨架覆盖遮阳网进行越夏蔬菜栽培。有的地方直接用竹竿、钢筋骨架扎成小拱棚，进行遮阳网栽培。

第五节　常见蔬菜的栽培技术要点

一、扁豆栽培技术

（一）扁豆的生长习性

扁豆的种子适宜发芽温度为 22 ～ 23℃，植株能耐 35℃左右高温，根系发达强大、耐旱力强，对各种土适应性好，在排水良好而肥沃的沙质土壤或壤土种植能显著增产。

（二）扁豆的种植时间

扁豆一般都在夏季露地搭架栽培，通常 1 月中旬以后就可陆续播种，但是不同的地区播种时间也是不一样的，如长江流域扁豆的种植时间是 5 月至 7 月底前播种，华北地区的扁豆种植时间多在 6 月播种。

（三）扁豆的种植技术

1. 人工搭架种植

扁豆一般直播，畦宽 133cm，高 10 ～ 15cm，沟宽 50cm，每畦种植两行，行距 70 ～ 80cm，株距 50cm。露地栽培 4 月上中旬直播，每穴播种 3 ～ 4 粒，覆土 3 ～ 4 粒，每亩需种量 3.5 ～ 4kg。出苗后匀苗，每穴苗 2 株。匀苗后，每亩追施人粪 500kg，蔓长 35cm 时搭“人”字形架，引蔓上架，结果期追肥两次，每次人粪尿 500kg。

2. 不设支架栽培

扁豆的早熟品种不设支架栽培，先整地、施基肥，做成畦，塑料棚冷床育苗，苗期 30d，4 月中下旬定植，行、株距各为 40cm，每穴栽苗 4 株，当株高 50cm 时，留 40cm 摘心，使其生侧枝，当侧枝的叶腋生出次侧枝后再行摘心，连续 4 次，采收后，见生出嫩枝仍可继续摘心，使植株呈丛生状，采收期在 7 月上旬，亩产 800 ~ 1 000kg。

二、菠菜栽培技术

菠菜根据种植时间的不同分为秋菠菜、越冬菠菜、春菠菜和夏菠菜 4 个种类，并且因为品种的不同，对日照长度感应也不同，植株阶段发育完成后即可抽薹开花，完成其生殖生长。

（一）菠菜种植时间

秋菠菜一般在 8—9 月播种，播后 30 ~ 50d 可分批采收。品种宜选用较耐热、生长快的早熟品种，如犁头菠、华菠 1 号、广东圆叶、春秋大叶等。

越冬菠菜通常于 10 月中旬至 11 月上旬播种，春节前后分批采收，宜选用冬性强、抽薹迟、耐寒性强的中、晚熟品种，如圆叶菠、迟圆叶菠、华菠 1 号、辽宁圆叶菠等。

春菠菜在开春后气温回升到 5℃以上时即可开始播种，3 月为播种适期，播后 30 ~ 50d 采收，品种宜选择抽薹迟、叶片肥大的迟圆叶菠、春秋大叶、沈阳圆叶、辽宁圆叶等。

夏菠菜往往在 5—7 月分期播种，6 月下旬至 9 月中旬陆续采收，宜选用耐热性强、生长迅速、不易抽薹的华波1号、春秋大叶、广东圆叶等。

（二）菠菜栽培技术

（1）整地作畦。选择疏松肥沃、保水保肥、排灌条件良好、微酸性壤土较好，pH值为5.5～7。整地时亩施腐熟有机肥4 000kg，过磷酸钙40kg，整平整细，冬、春宜作高畦，夏、秋作平畦，畦宽1.2～1.5m。

（2）播种育苗，一般采用撒播。夏、秋播种于播前1周将种子用水浸泡12h后，放在井中或在4℃左右冰箱或冷藏柜中处理24h，再在20～25℃的条件下催芽，经3～5d出芽后播种。冬、春可播干籽或湿籽。亩播种3～3.5kg。畦面浇足底水后播种，用齿耙轻耙表土，使种子播入土，畦面再盖一层草木灰。夏、秋播播后要用稻草覆盖或利用小拱棚覆盖遮阳网，防止高温和暴雨冲刷。经常保持土壤温润，6～7d可齐苗，冬播气温偏低，则在畦上覆盖塑膜或遮阳网保温促出苗，出苗后撤除。

（3）田间管理。秋菠菜出真叶后浇泼一次清粪水。2片真叶后，结合间苗，除草，追肥先淡后浓，前期多施腐熟粪肥。生长盛期追肥2～3次，每亩每次尿素5～10kg。冬菠菜播后土壤保持湿润。3～4片真叶时，适当控水以利越冬。2～3片真叶时，苗距3～4cm。根据苗情和天气追施肥水，以腐熟人粪尿为主。霜冻和冰雪天气应覆盖塑膜和遮阳网保温，可小拱棚覆盖。开春后，选晴天追施腐熟淡粪水、防早抽薹。春菠菜前期要覆盖塑膜保温，可直接覆盖到畦面上，出苗后即撤除薄膜或改为小拱棚覆盖，小拱棚昼揭夜盖，晴揭雨盖，让幼苗多见光，多炼苗，并及时间苗。追施肥水，前期以腐熟人畜粪淡施、勤施，后期尤其是采收前 15d 要追施速效氮肥。夏菠菜出苗后仍要盖遮阳网，晴盖阴揭，迟盖早揭，以利降温保温。苗期浇水应是早晨或傍晚进行小水勤浇。2 ～ 3 片真叶后，追施两次速效氮肥。每次施肥后要浇清水，以促生长。

（4）病虫害防治。蚜虫用 50% 抗蚜威 2 000 ～ 3 000 倍液喷雾。潜叶蝇用 50% 辛硫磷乳油 1 000 倍液，或 80% 敌百虫粉剂 1 000 倍液喷雾。霜霉病用 58% 雷多米尔 500 倍液，或 75% 百菌清 600 倍液喷雾。炭疽病用 50% 甲基硫菌灵 500 倍液，或 50% 多菌灵 700 倍液喷雾防治。

（5）采收留种，一般苗高 10cm 以上即可分批采收。一次性采收前 15d 左右，可用 15 ～ 20mg/kg 的九二零喷洒叶面，并增施尿素或硫铵，可提早收获，增加产量。留种用菠菜的播期可较越冬菠菜稍迟。条播，行距 20 ～ 23cm。春季返青后，陆续拔除杂株及抽薹早的雄株，留部分营养雄株，使株距达 20cm 左右。抽薹期不宜多灌水，以免花薹细弱倒伏，降低种子产量。开花后追肥、灌水、叶面喷 1% ～ 2% 过磷酸钙澄清液，使种子饱满。雄株结种子后拔除雄株，以利通风透光。茎、叶大部枯黄，种子成熟时收获，后熟数日脱粒。

三、西蓝花栽培技术

西蓝花原产于地中海东部沿岸地区，目前我国南北方均有栽培，已成为日常主要蔬菜之一，营养丰富，含蛋白质、糖、脂肪、维生素和胡萝卜素，营养成分位居同类蔬菜之首，被誉为“蔬菜皇冠”，具有很高的种植前景。

（一）西蓝花的种植时间

西蓝花的种植时间通常是在秋季开始播种，冬季成长，春节后正常上市上餐桌，春天开始开花至四五月种子成熟，夏秋育苗在8—10月高温季节育苗，这时气温一般在25℃以上，有时30～35℃的高温，加之还有暴雨、冰雹危害，所以采用遮阴网于露地育苗，其苗龄一般为35～40d，可采用播种或直接穴种，苗期平均30d左右，从定植到采收80～90d，冬性稍强，幼苗茎粗10mm可接受低温影响，完成春化过程。

（二）西蓝花的种植环境

（1）光照。西蓝花对光照的要求并不十分严格，但在生长过程中喜欢充足的光照，光照足时植株生长健壮，能形成强大的营养体，有利于光合作用和养分的积累，并使花球紧实致密，颜色鲜绿品质好，盛夏阳光过强也不利于西兰花的生长发育。

（2）温度。西蓝花在5～20℃内，温度越高，生长发育越快，最适发芽温度为20～25℃，幼苗期的生长适温为15～20℃，具有很强的耐寒性和耐热性，莲座期生长适温为20～22℃，花球发育适温为15～18℃，温度高于25℃时花球品质易变劣，但只要不受冻害，花球在5℃甚至以下的低温仍可缓慢生长。

（3）水分。西蓝花在整个生长过程中需水量较大，尤其是叶片旺盛生长和花球形成期更不能缺水，即使是短期干旱，也会降低产量，苗期多雨或土壤湿度过高易引起黑腐病、黑斑病等病害，花球形成期土壤湿度田间持水量 70% ～ 80% 才能满足生长需要。

（4）土壤。西蓝花对土壤条件要求不严格，但过于贫瘠则植株发育不良，产量品质低下，而土壤过分肥沃又会导致花蕾疏松和花薹空心，适宜在排灌良好、耕层深厚、土质疏松肥沃、保水保肥力强的壤土和沙质壤土上种植，土壤 pH 值范围 5.5 ～ 8，但以 6 为最好。

（三）西蓝花的育苗技术

（1）品种选择。西蓝花喜欢冷凉，选择植株生长势强，花蕾深绿色、焦蕾少、花球弧圆形、侧芽少、蕾小、花球大、抗病耐热、耐寒，适应性广的品种，如日本的优秀、龙绿、山水，其他的品种如玉冠、东方绿宝、万绿、绿秀等或根据市场需求来选择各类优质品种，但必须符合国家二级种子标准方可使用。

（2）播种时间。秋季双覆盖栽培于 7 月上旬播种，日光温室越冬栽培于 7 月下旬至 8 月播种，日光温室早春栽培于 9 月上旬至 10 月初播种，塑料大棚、小拱棚春早熟栽培于 11 月播种，春地膜栽培于翌年 1 月播种。

（3）种子处理。浸种，用 33℃的温水浸种 15min，并不停地搅拌，待水温降至 20℃时停止，继续用温水浸泡 4h，用清水淘洗干净后催芽；催芽，将浸泡过的种子用湿润棉纱布包裹，在 30℃的温度下进行催芽。每天用清水淘洗一次，待 60%的种子露白时播种。

（4）大田育苗。苗床选择，西兰花苗期较短，苗床选择在地势高、排灌方便、土壤富含有机质、两年内没有种过十字花科蔬菜或前作是水稻的田块，苗床走向以南北向为宜；施足基肥，播种前15～20d深翻，播种前7～10d每亩施入三元复合肥15kg加过磷酸钙5kg或泼浇2 500kg腐熟人粪尿，保证苗期养分的充分供应，翻掏耙碎土地，作宽1.2m左右的播种床，秧田比为1∶（20～30）；拌药播种，播前苗床浇一次透水，并施入1 000倍辛硫磷等药剂防止地下害虫，播种时，把处理过的种子与适量沙拌匀后均匀撒播在苗床内，播后用铁铲进行镇压，再撒一层混有0.1%多菌灵、敌克松的药土；遮阳保温，夏季苗床平铺一层遮阳网后，搭好小拱棚，再覆盖一层遮阳网，进行双层遮阳保湿降温育苗，冬春季用一层地膜和一层棚膜，进行双膜覆盖保温育苗。

（5）营养液育苗。营养液育苗是目前较好的一种育苗方式，具有成本低、管理方便、成苗率高、可集中供苗等特点，受到生产和加工企业的欢迎。基质成分为蛭石25%、泥炭65%、珍珠岩10%；基质堆制消毒，充分混合均匀所有原料后，用50～100倍福尔马林（40%甲醛），均匀喷洒于基质上，然后用塑料薄膜覆盖严实，密闭4～5d后，揭膜通风换气，并翻动营养土，使甲醛挥发出去，2周后即可使用，调节基质的pH值为6.5～7，过酸用石灰调整，过碱可用稀盐酸中和；播种，在穴盘上装满基质，浇透水，后用专用的打穴机器挖好播种穴，用播种机把种子播到播种穴内，覆盖基质。

四、丝瓜栽培技术

春丝瓜。一般情况下北方都会在清明节前后种植丝瓜，而南方天气温度较早适合丝瓜种植，所以2月就可以种植丝瓜。

夏丝瓜。4月下旬到7月上旬种植，6—10月上市，这个时间段可以根据当地情况而做出调整。

秋丝瓜。采用浸种后直播栽培方式，时间以8—9月为宜，比较适合秋种的有棱丝瓜有春丰丝瓜、夏选丝瓜、雅绿1号丝瓜等品种，普通丝瓜有长度水瓜、青皮丝瓜等。

冬丝瓜。冬天在大棚种植的时间为11月左右，翌年2—3月就可以收获，丝瓜开花结果期需较高的温度，种植丝瓜的大棚其结构一定要科学合理，确保采光和保温性能良好，才能满足冬季丝瓜生长对温度的要求。

五、芹菜栽培技术

1. 播种时间

南方地区，芹菜全年可栽培，但以春、秋、冬三季种植最佳。夏季炎热，生长缓慢，品质差。北方地区，以春、秋播种为宜。

2. 播种方式

芹菜种子可直播，也可以育苗移栽。夏季播种，应对种子进行处理，方法是，先将种子用20～25℃的温水浸泡4～6h，捞出后用纱布包好，悬挂到井底水面上空，或放进冰箱的冷藏室内，3～4d有大部分露白即可播种。一般采用撒播。播种后要覆盖遮阳网，出苗后及时揭去遮阳网。苗高15～18cm，即可定植。

3. 栽培容器

在阳台、天台、客厅或庭院种植芹菜，可选用的栽培容器有花盆、木盆，专业栽培箱、泡沫塑料箱等，耕层深度以15～20cm

为宜。

4. 生长周期

芹菜的生长期比较长，从播种到采收需要 3 个月左右，一般在株高 40 ～ 50cm 即可分次拔取采收。

5. 温度要求

芹菜性喜冷凉气候，耐寒、耐阴、不耐热、不耐旱。生长适宜温度为 15 ～ 20℃，26℃以上生长不良，品质低劣。

6. 光照要求

芹菜耐阴，出苗前需要覆盖遮阳网，后期需要充足的光照。

7. 水分要求

芹菜属于浅根系蔬菜，耐旱力弱，蒸发量又大，需要湿润的土壤和空气条件。

8. 管理要点

芹菜对土壤的要求较严格，需要肥沃、疏松、通气性良好的土壤，整个生长期要及时灌水追肥，以满足其生长的需要。夏季栽培，因正蒸发量大，每天早晚各浇一次水，施肥以氮肥为主。光照过强要加盖遮阳网。

六、羊角椒栽培技术

羊角椒是甜辣椒里面的一种类型，形如羊角。目前，辣椒种子市场上的羊角椒又有粗羊角和一般羊角椒的区别。鸡泽辣椒也称羊角椒（图 3–1）。

图 3–1　羊角椒

1. 茬口安排

早春保护地栽培，一般 10 月上旬播种，12 月上旬定植，翌年 3 月下旬至 6 月下旬采收；夏秋栽培，6 月中旬至 7 月中旬播种育苗，9 月中旬、12 月上旬采收。高山栽培，4 月中下旬温床播种育苗，6 月上旬定植，8 月中旬至 10 月上市。

2. 种子处理和育苗

（1）种子处理。用 55℃水浸种 30min，自然冷却后再浸种 7 ~ 8h 或用高锰酸钾 500 倍液浸种 7 ~ 8min，洗净后用清水再浸种 7 ~ 8h，然后在 28 ~ 30℃下保温催芽，种子露白即可播种。

（2）播种。浇足底水后，撒 0.5% 多菌灵药土 1 ~ 2cm 厚，播种后均匀覆盖药土 0.5cm，播后覆膜或遮阳网。

（3）育苗管理。出苗前保温保湿，白天 25 ~ 30℃。当 60% ~ 70% 幼苗出土时，及时揭去地膜或遮阳网。出苗后适当降低温度，白天 18 ~ 25℃，夜间 12 ~ 15℃，防冻害，防倒苗。注意通风换气，多见阳光。幼苗破心后进行第一次移苗，营养钵

10cm×10cm。

（4）移苗。移苗在小苗 3 ～ 4 片真叶时进行。此时缓苗期短，长势强，移苗最合适。1 ～ 2 片真叶时移苗，移苗后苗势生长势不齐；5 ～ 6 片真叶时移苗，苗大叶片多，蒸发量大，易伤根，缓苗时期长，并且移栽苗易落叶，造成将来植株生长势弱，病毒严重。移苗应选阴天下午进行，宜浅不宜深，要边移栽边浇定根水，水要适量，保持叶面湿润。

（5）湿度、光照管理。延后辣椒育苗期正处高温的天气，温度高，光照强，幼苗期必须拱棚遮光，降低苗床气温和地温，保持空气的流通，遮阳物上午盖，傍晚揭。

（6）水分管理。在苗期生长过程中，保持苗床土湿润，避免过干过湿，要凉地凉水浇苗，不要热地热水浇苗。

（7）定植。选择阴天或晴天下午进行，此时苗龄在 35d 左右，8 ～ 10 片叶，刚现蕾分枝，苗高在 15 ～ 17cm，叶色深绿，茎秆粗壮，根系发达，无病虫害。每亩施有机肥 1 ～ 2t，复合肥 30kg，过磷酸钙 50kg，深耕 30cm，耕细耙平，做好畦。如有条件，地面覆盖银灰色地膜。畦的制作在 1.2m，定植株距 40cm 左右。

3. 定植后管理

（1）水分管理。及时浇定根水，第二天复水，浇水后浅中耕一次，缓苗后再浇第三次水，浇水后再中耕，以后保持土壤湿润。

（2）温度管理。大棚内秋季栽培，定植期温度较高，土温过高会造成植株根系发育受阻，影响辣椒正常生长。因此在定植后最好在棚顶盖银灰色遮阳网，减少光强度，降温。在外界气温和光照降低后，揭掉棚顶遮阳物。

（3）整枝、施肥。秋季栽培辣椒以施腐熟有机肥为主，定植缓苗后施一次提苗肥，促进苗发根。大部分辣椒采收后施一次重肥，注意氮肥不要过量，造成徒长或大量落花，采摘推迟。及时摘除有病的根、茎、叶等，以确保植株生长良好，抽发枝强。

（4）及时采收。“采优一号”果翠绿色，果长 20 ～ 25cm，果肩横径 2.5 ～ 3.2cm，单果重 60 ～ 80g，果形长，顺畅，色泽艳丽，成熟后红果鲜艳，味辣，耐贮运。为了提高产量，需及时采收，包装整齐上市。

4. 病虫害防治

（1）地老虎。可采取秋翻冬灌、铲埂除蛹、性诱杀、黑光灯、糖醋液等方法。也可在 5 月中旬防治，3 龄前可用 2.5% 敌杀死进行防治，3 龄以后可用毒饵诱杀。

（2）棉铃虫。防治时间在 6 月底至 7 月中旬。可用黑光灯、性诱剂和糖醋液。要注意治早、治小、并交替轮换使用农药。

（3）疫病防治。采用高垄栽培，浇水进不要浸根茎部。采用沟灌，不能大水漫灌，严禁在大、中量雨前后灌水。发病初期喷药，喷 25% 甲霜灵或 64% 杀毒钒每亩 50g 兑水 30kg 喷洒。

（4）病毒病防治。可选用抗病品种。进行种子处理，温汤浸种，用 10% 磷酸三钠浸种 30min 后再洗净。在发病初期可用病毒 A 进行防治。

（5）化除。播前可用禾耐斯进行土壤封闭处理。苗期可用克无踪定向喷雾，不要喷在辣椒苗上。

七、姜的栽培技术

姜，多年生草本植物，开有黄绿色花并有刺激性香味的根茎。株高 0.5 ～ 1m；根茎肥厚，多分枝，有芳香及辛辣味。叶片披针形或线状披针形，无毛，无柄；叶舌膜质。总花梗长达 25cm；穗状花序球果状；苞片卵形，淡绿色或边缘淡黄色，顶端有小尖头。花萼管长约 1cm；花冠黄绿色，裂片披针形；唇瓣中央裂片长圆状倒卵形。在中国中部、东南部至西南部各省区广为栽培。亚洲热带地区也常见栽培。根茎供药用，鲜品或干品可作烹调配料或制成酱菜、糖姜。茎、叶、根茎均可提取芳香油，用于食品、饮料及化妆品香料中（图 3–2）。

图 3–2　姜

（一）生长习性

1. 温度

姜原产东南亚的热带地区，喜欢温暖、湿润的气候，耐寒和抗旱能力较弱，植株只能无霜期生长，生长最适宜温度是 25 ～ 28℃，温度低于 20℃则发芽缓慢，遇霜植株会凋谢，受霜冻根茎就完全失去发芽能力。

2. 光照

姜耐阴而不耐强日照，对日照长短要求不严格。故栽培时应搭荫棚或利用间作物适当遮阴，避免强烈阳光的照射。

3. 水分

姜的根系不发达，耐旱抗涝性能差，故对于水分的要求格外讲究。在生长期间土壤过干或过湿对姜块的生长膨大均不利，都容易引起发病腐烂。

4. 土壤

姜喜欢肥沃疏松的壤土或沙壤土，在黏重潮湿的低洼地栽种生长不良，在瘠薄保水性差的土地上生长也不好。姜对钾肥的需要最多，氮肥次之，磷肥最少。

（二）种植技术

1. 类型及品种

根茎节多而密，姜块数多，双层或多层排列，代表品种有广东密轮细肉姜，云南玉溪黄姜、西畴细姜。此外，还根据姜的外皮色分为白姜、紫姜、绿姜（又名水姜）、黄姜等。

2. 栽培技术

（1）栽培制度及季节。生姜可以净种，也可间套种，一般在清明前后、蚕桑树地里播种。间套种可利用高竿搭架作物如瓜、豆架下种植，也可以在玉米行间间作，起到遮阴作用。

（2）选地、整地及施肥。姜忌连作，最好与水稻、葱蒜类及瓜、豆类作物轮作，并选择土层深厚、肥沃、疏松、排水良好的壤土或沙壤土，姜畏强光，应选适当荫蔽的地方栽种。姜生长期长，产量高，需肥量大，每亩农肥不少于3 000kg，并施入硫酸钾20kg或复合肥30kg作底肥，以充分满足姜对营养的需求，畦面一般做成高畦。

（3）选种、播种。播种前要精选姜种，剔除霉变、腐烂、干瘪的病弱姜块。种姜要选择50～100g有1～2个壮芽的姜块为好，太大的姜块也可播种但需种量大，成本高，可以用刀切或用手掰开，但伤口应用草木灰或石灰消毒后再播。播种前最好用药剂浸种催芽，方法将种姜摊开晾晒1～2d，然后用1∶1∶120的波尔多液浸种10min，然后将种姜捞出后，用潮沙子将其层层堆码好，用薄膜覆盖，厚度30～40cm，使温度保持在20～30℃，8～10d即可出芽，根据芽子的大小、强弱分级播种。每亩用种量300～500kg。一般排姜多用打沟条播，行距35～40cm，株距26～30cm，沟深10～12cm。打塘播可按株行距33cm，塘深7～8cm。沟、塘打好后，将姜种斜放，芽朝一个方向排列，排好后用充分腐熟的农家肥或土杂肥覆盖，厚度6～8cm，肥上再盖少量土壤即可。

（4）田间管理。姜排好后如土壤湿润不需浇水即可出苗，如果土壤干燥应浇一次水，但不宜过多，出苗后视土壤墒情及植株长相适时浇灌，高温期应提倡早浇，晚浇，雨季要注意排涝。姜在生长期中要进行多次中耕松土及追肥培土工作，当苗高15cm左右时结合中耕，除草进行培土，追肥以人粪尿为主，培土3cm。随着分蘖的增加，每出一苗再追一次肥培一次土，培土厚度以不埋没苗尖为度，总计培土3～4次，使原来的种植沟变成埂。培土可以抑制过多的分蘖，使姜块肥大。姜怕强光，可在行间套种玉米或上架豆类，也可搭荫棚或插树枝、蒿秆遮阴。

（5）虫害防治。主要虫害是6—7月玉米螟为害，幼虫钻进茎内，使心叶枯黄，可用50%敌百虫800倍液或500～1 000倍液2.5%敌杀死，在苗期每隔10～15d喷洒一次，到8月，着重喷心叶。

（6）病害防治。姜主要发生的病害为腐败病，又称姜病瘟，是一种细菌性病害，防治方法如下：实施轮作换茬，剔除病姜，并做消毒浸种；增施钾肥，保持土壤湿润，但不易过湿，雨季要及时排水，发现病株要及时拔除。发病初期用50%的代森铵800倍液喷洒，每7～10d一次，连续2～3次。

（7）采收留种。生姜一季栽培，全年消费，从7—8月即可陆续采收，早采产量低，但产值高，在生产实践中，菜农根据市场需要进行分次采收。

收种姜，又叫“偷娘姜”，即当植株有5～6片叶时，采收老姜（即娘姜），方法用小锄或铲撬开土壤，轻轻拿下种姜，取出老姜后，马上覆土并及时追肥。

收嫩姜（子姜），立秋后可以采收新姜即子姜，新姜肥嫩，适于鲜食及加工，采收越早，产量越低。

（8）收老姜。霜降前后，茎叶枯黄，即可采收，此时采收产量高，辣味重，耐贮藏，可作加工、食用及留种。南部无霜地区可割去地上茎叶，上盖稻草等覆盖物，可根据需要随时采收或留种，但土壤湿度不宜太大。留种用的姜，应设采种田，生长期内多施磷钾肥，少施氮肥。选晴天采收，选择根茎粗壮、充实、无病虫及损伤姜块，单独贮存，在贮藏期经常检查，拣出病、坏姜。

八、菜心栽培技术

菜心，一年或二年生草本，高30～50cm，全体无毛；茎直立或上升。起源于中国南部，由白菜易抽薹材料经长期选择和栽培驯化而来，并形成了不同的类型和品种。主要分布在我国广东、广西、台湾、香港、澳门等地。20世纪后叶日本引种成功。菜心是中国广东的特产蔬菜，品质柔嫩、风味可口，并能周年栽培，故而在广东、广西等地为大陆性蔬菜，周年运销我国香港、澳门等地，成为出口的主要蔬菜。还有少量的远销欧美，被广大消费者视为名贵蔬菜（图3–3）。

图3–3 菜心

（一）生长习性

1. 温度条件

菜心喜温和气候，温度过高或过低，会导致菜心纤细，产量低，质量差。菜心生长发育的适温为 15 ～ 25℃。不同生长期对温度的要求不同，种子发芽和幼苗生长适温为 25 ～ 30℃；叶片生长期需要的温度稍低，适温为 15 ～ 20℃，20℃以上生长缓慢，30℃以上生长较困难。菜心形成期适温为 15 ～ 20℃，在昼温为 20℃、夜温为 15℃时，菜心发育良好，20 ～ 30d 可形成质量好、产量高的菜心；在 20 ～ 25℃时，菜心发育较快，只需 10 ～ 15d 便可收获，但菜心细小，质量不佳，在 25℃以上发育的菜心质量更差。

2. 日照条件

菜心属长日照植物，但多数品种对光周期要求不严格，但充足阳光有利于生长发育。在肥沃疏松的壤土上生长良好。花芽分化和菜心生长快慢主要受温度影响。

3. 再生能力强

菜心生长迅速，因有再生能力，所以一般掐掉一截后会在周边再长出一截或者是几节，不过一般比较小。

（二）特征特性

幼苗具 2 ～ 3 片真叶时开始花芽分化，现蕾以前以叶片生长为主，菜心发育缓慢；现蕾后，菜心迅速生长。菜心形成期，节间迅速伸长和增粗。在适宜条件下，主薹采收后还抽生侧薹，侧薹采收多少因品种、栽培季节及栽培条件而异。

菜心的个体发育为下列 5 个时期。

种子发芽期：种子萌动至子叶展开，需 5 ～ 7d。

幼苗期：第一真叶开始生长至第五片真叶平展，需 14 ～ 18d。

叶片生长期：第六片真叶至植株现蕾，需 7 ～ 21d。

菜心形成期：从现蕾至菜心采收，需 14 ～ 18d。

开花结果期：初花至种子成熟，需 50 ～ 60d。

不同品种的生育期长短不同，早中熟品种 40 ～ 45d；晚熟品种叶片生长期和菜心形成期较长，生育期为 50 ～ 70d。

（三）营养价值与用途

菜心品质柔嫩，风味可口，营养丰富。每千克可食用部分含蛋白质 13 ～ 16g、脂肪 1 ～ 3g、碳水化合物 22 ～ 42g，还含有钙 410 ～ 1 350mg、磷 270mg、铁 13mg、胡萝卜素 1 ～ 13.6mg、核黄素 0.3 ～ 1mg、尼克酸 3 ～ 8mg、维生素 C 790mg。菜心可炒食、煮汤及加工出口。

种类与品种：按生长期长短和对栽培季节的适应性分为早熟、中熟和晚熟等类型。

早熟类型：植株小，生长期短，抽薹早，菜心细小，腋芽萌发力弱，以采收主薹为主，产量较低。较耐热，对低温敏感，温度稍低就容易提早抽薹。

中熟类型：植株中等，生长期略长，生长较快，腋芽有一定萌发力，主薹、侧薹兼收，以主薹为主，质量较好。对温度适应性广，耐热性与早熟种相近，遇低温易抽薹。

晚熟类型：植株较大，生长期较长，抽薹迟。腋芽萌发力强，主侧薹兼收，采收期较长，菜心产量较高。不耐热。

（四）常见的栽培品种

四九菜心：广州地方品种，早熟类型。植株直立。叶片长椭圆形，黄绿色，叶柄浅绿色。主薹高约 22cm，横径 1.5 ～ 2cm，黄绿色，侧薹少，早抽薹。品质中等。耐热、耐湿、抗病，适于高温多雨季节栽培。播种至初收需 28 ～ 38d，连续收获 10d 左右。

萧岗菜心：广州地方品种，早熟类型。植株直立。叶片长卵形，黄绿色。抽薹早，主薹高约 25cm，横径 1.3 ～ 2cm，薹叶狭卵形，易抽侧薹。品质优良，耐热性较弱。播种至收获需 35 ～ 40d，连续收获 10 ～ 15d。

一刀齐菜心：上海宝山区特产。植株高约 48cm，叶片呈卵圆形，绿色，叶面平滑，无茸毛，全缘。叶柄细长，浅绿色。主薹绿色，只收主薹。该品种抗寒力中等，侧枝生长势极弱。品质佳，味鲜美，纤维少，质地嫩脆。

青柳叶菜心：广州品种，中熟类型。植株直立，叶片长卵形，青绿色，叶柄浅绿色。主薹高 32cm，横径 2cm，青绿色。薹叶卵形，易抽侧薹。品质优良。适于秋天生长，不耐高温多雨。播种至初收需 50d，连续收获 30 ～ 35d。

大花球菜心：广州地方品种，晚熟类型。株形较大，叶片长卵形或宽卵形，绿色或黄绿色，叶柄浅绿色。抽薹较慢，主薹高 36 ～ 40cm，横径 2 ～ 2.4cm，黄绿色。易抽侧薹，品质较好。可连续收获 30d 左右。

三月青菜心：广州地方品种，晚熟品种。植株直立，叶片宽卵形，青绿色，叶柄绿白色。抽薹慢，主薹高 30cm，横径 1.2 ～ 1.5cm，侧薹少。品质中等。该种冬性强，不耐热。播种至初收需 50 ～ 55d，延续收获 10 ～ 15d。一般每公顷产 11 200 ～ 15 000kg。

柳叶晚菜心：广西柳州地方品种。植株高大，腋芽萌发力强，是大型品种。该种晚熟，冬性较强。生长期 100 ～ 120d。每公顷产 3 700kg 左右。

（五）栽培季节

在不同地区，品种不同，栽培时间也不相同。长江流域及以南地区，早熟品种从 4—8 月均可播种。播种后 30 ～ 45d 开始采收，5—10 月为供应上市期。中熟品种从 9—10 月播种，播种后 40 ～ 50d 收获，采收供应期为 10 月至翌年 1 月。晚熟品种从 11 月至翌年 3 月播种，播种后 45 ～ 55d 开始收获，采收供应期为 12 月至翌年 4 月。江南地区菜心基本上实现了四季播种、周年供应的目标；华北地区露地栽培分春、秋两季。春季栽培利用早、晚熟品种均可，3—4 月播种，4 月下旬至 6 月初采收。秋季露地栽培利用中、早熟品种，8—9 月播种，9—11 月采收。保护地栽培时，晚熟品种于 10 月至翌年 2 月播种，播种后两个月即可开始采收。在华北地区菜心也基本实现了周年供应。

（六）春季栽培技术

华北地区菜心春季栽培是供应春末夏初的蔬菜淡季，对丰富市场蔬菜花色品种有很大作用。

1. 育苗

菜心可以直播，也可以育苗。为节省土地，以育苗为宜。

苗床应建在上年未种过十字花科作物的地块上，宜选用沙壤土或壤土，每公顷施 45 000kg 腐熟的有机肥，浅翻，耙平，做成平畦。播前灌大水，水渗下后，撒种。每公顷苗床用种量

7.5 ～ 10.5kg，可移栽 0.6 ～ 1hm^2，撒种后覆土 0.5 ～ 1cm。苗出齐后，立即间苗。拔除并生、拥挤、过密的小苗。在第一片真叶展平前，共间苗 2 ～ 3 次。最后保持苗间距 3 ～ 5cm，使幼苗有足够的营养面积，防止过密发生徒长。第一片真叶展开时追一次肥，每公顷施尿素 150kg；也可追施人粪尿液，每公顷 7 500 ～ 10 000kg，促进幼苗生长。苗期保持土壤见干见湿，每 5 ～ 7d 一水。定植时秧苗的形态：有叶片 4 ～ 5 片，苗龄 18 ～ 22d，根系发达完整。

2. 定植

栽培地应选肥沃疏松的壤土或沙壤土，每公顷施腐熟的有机肥 45 000 ～ 75 000kg，或人粪尿 22 500kg。深翻后，做成平畦。定植期很晚时，也可做成高畦，以利生长后期正值雨季防涝排水。定植的株行距，早熟品种为 13cm×16cm，晚熟品种为 18cm×22cm。定植时应小心少伤根系，以利成活缓苗。定植后及时灌水。

3. 田间管理

菜心缓苗快，生长迅速，需肥量大，应及时追肥。幼苗定植后 2 ～ 3d 发新根时，结合浇水，追施第一次肥料。每公顷施腐熟的人粪尿液 7 500 ～ 15 000kg，或尿素 150kg，促进秧苗迅速生长。植株现蕾时，追人粪尿每公顷 7 500 ～ 15 000kg，或尿素 150 ～ 225kg，促进菜心迅速发育。在大部分主菜心采收后追施第三次肥料，每公顷施人粪尿 15 000kg，或尿素 150 ～ 300kg，以促进侧薹的发育。生长期每 3 ～ 5d 一水，保持土壤湿润。干旱会影响菜心生长发育，并降低产品质量。

4. 采收

菜心可收主薹和侧薹。一般早熟种生育期短，主薹采收后不易发生侧薹。中晚熟种主薹采收后，还可发生侧薹。主薹采收的适期为菜心长到叶片顶端高度时，先端有初花时，俗称“齐口花”，为适宜的采收期。如未及齐口花采收，则薹嫩，而产量降低；如超过适宜的采收期，则薹太老，质量降低。优质的菜心形态标准是：薹粗、节间稀疏、薹叶少而细，顶部初花。早熟品种只采收主薹时，采收节位应在主薹的基部。中晚熟品种易发生侧薹，采收时在主薹基部留 2 ～ 3 叶摘下主薹，使再萌发侧薹。留叶不能太多，否则侧薹发生太多，薹纤细，质量下降。

（七）秋季栽培技术

在华北地区，菜心在 8—9 月播种，9—11 月收获上市。由于菜心生长后期，天气凉爽，适合菜心生长发育要求，故而品质优良，很受消费者欢迎。

1. 育苗

秋季栽培，育苗期正值雨季，为防大雨后涝害，育苗畦应做成宽 1.2 ～ 1.5m、高 15 ～ 20cm 的小高畦。其他苗期管理与春季栽培相同，苗龄 20d 即可定植。

2. 定植

定植较早时，为防涝害可做成小高畦；定植晚时，雨季已过，可做成平畦。定植密度为 13cm×16cm。其他事项同春季栽培。

3. 田间管理

秋季栽培时，外界气温很高，土壤蒸发量很大，植株生长迅速，因此，应及时浇水，保持土壤湿润。一般 2 ～ 3d 一水，勿使土壤干旱。进入 10—11 月，气温渐下降，方可适当少浇水，每

5～7d 1次。

生长期追肥与春季栽培相同。前期应及时人工除草，防止发生草荒。秋季病虫害发生严重，应及时防治。详见病虫害防治部分。

4. 采收

秋季栽培菜心只收主薹，收后即铲除。收获方法同春季栽培。

（八）越冬栽培技术

随着保护地栽培的迅速发展和人们对稀特蔬菜周年供应的需求，菜心的越冬栽培也逐渐发展起来。通过越冬栽培，菜心可以从初冬一直供应到翌年春季，是菜心四季生产、周年供应重要的一环。其成本虽高，但经济效益却十分显著。

1. 栽培时间及设施

由于菜心较耐寒，加上栽培的经济效益不如黄瓜、番茄等，所以一般利用保温性能稍差、造价较低的日光温室、塑料大棚、中棚、小棚、风障阳畦等。利用日光温室栽培时，可于10月至翌年2月任何时间播种，12月至翌年4月收获上市。利用风障阳畦或有草苫子覆盖的塑料中、小棚栽培时，播种时间和收获时间与日光温室基本相同，但因温度条件稍低，生长期稍长一些。利用塑料大棚无草苫子覆盖时，于10月播种，12月上旬收获；或于2月播种，3月收获。

2. 育苗

菜心越冬栽培一般采用高产、优质的晚熟品种。因苗期正值寒冬，故育苗畦应建在风障阳畦或日光温室内。苗期保持白天15～20℃，夜间10～12℃。防止0℃的低温发生冻害，也要防止早春、初冬晴暖天气出现的25℃以上高温造成徒长，降低菜心的品质。

苗期因气温低、蒸发量小，不用多浇水。一般在播种时浇透了水，整个苗期可不用浇水。不浇水也不用追肥。其他管理同春季栽培。冬季育苗苗龄 25 ～ 30d，幼苗 4 ～ 5 片叶。

3. 定植

保护设施内每公顷施腐熟的有机肥 45 000 ～ 75 000kg。于定植前 15 ～ 20d 扣严塑料薄膜，夜间加盖草苫子，尽量提高地温。选晴头寒尾的晴暖天气上午定植。定植株行距为 18cm×22cm。其他事项同春季栽培。

4. 田间管理

菜心在冬季栽培，由于气温低、蒸发量小，加上保护设施内空气湿度大，所以应少浇水。只要土壤湿润就不用浇水，一般 10 ～ 15d 一水。1 月也可不浇水。结合浇水追 2 次肥。追肥以有机肥为主，少施化肥。次数与春季栽培相同。

5. 收获

菜心越冬栽培收获标准与春季栽培相同。但是，在春节前上市时价格最高，故收获时，应以市场价格为依据，适当提早或延后收获。

（九）周年多茬栽培技术

菜心春季栽培一般利用春闲地，也可利用菠菜、莴苣等耐寒蔬菜收获后的空闲地。收获后可作秋菜的栽培利用。在茄果类或瓜类蔬菜春茬收获后，可用于菜心的秋季栽培。菜心的前茬和后茬以茄果类、瓜类等蔬菜为宜，不宜与十字花科蔬菜为前后茬。

在越冬栽培中，一般是秋延迟番茄或黄瓜收获后，在冬季种一茬菜心。菜心收获后接种春早熟黄瓜或番茄。

（十）病虫害防治

1. 病毒病

又叫孤丁病、抽疯病。可为害萝卜、大白菜、白菜、甘蓝等多种十字花科作物。国内各地普遍发生，为害严重。

（1）病状。各生育期均可发病。发病初，心叶出现叶脉色淡而呈半透明的明脉状，随即沿叶脉褪绿，成为淡绿与浓绿相间的花叶。叶片皱缩不平，有时叶脉上产生褐色的斑点或条斑。后期叶片变硬而脆，渐变黄。严重时，病株矮化，停止生长。根系不发达，切面呈黄褐色。种株发病，花梗畸形、花叶、种荚瘦小，结籽少。

（2）发病条件。该病为病毒病害，由多种病毒侵染引起。病毒有多种越冬方式。有的在种子、田间多年生杂草、病株残体上越冬；有的在种株上越冬；有的在保护地内越冬。翌年通过蚜虫、接触等传播。高温、干旱有利于蚜虫的发生，也有利于病毒病的发生流行。在重茬、邻作有发病作物、肥料不足、生长不育等情况下发病严重。在菜心 6 叶以前的幼苗期易染病，莲座期以后感病减少。不同的品种抗病性亦有显著差异。

（3）防治方法。

①抗病品种。国内各育种单位培育出的杂交种多数较抗病。秋冬收获时，严格挑选无病种株。这样可减少翌年的病毒源，并减少种子带毒。合理安排茬口。十字花科蔬菜应避免连作或邻作，减少

传毒源。秋冬栽培应适时晚播，使苗期躲避高温、干旱的季节，在易发病的冷凉季节播种，可减轻病害的发生。苗期是病毒病易感病时期，应及时喷药防治，避免蚜虫传播。深耕细作，消灭杂草，减少传染源。增施有机肥，配合磷、钾肥，促进植株健壮生长，提高抗病力。加强水分管理，避免干旱现象。及时拔除弱苗、病苗；及时防治蚜虫详见虫害部分。

②药剂防治。发病前可用下列药剂：高脂膜的200～500倍液；83增抗剂原液的10倍液；病毒宁500倍液；20%病毒净400～600倍液；抗毒剂1号300～400倍液，上述药剂之一，在苗期每7～10d一次，连喷3～4次。

2. 霜霉病

又称“烘病”“跑马干”等。主要为害大白菜、白菜、甘蓝、萝卜等十字花科蔬菜。国内各地普遍发生，为害十分严重。

（1）症状。主要为害叶片，其次是茎、花梗、种荚。发病先从外叶开始，叶正面出现淡绿色至淡黄色的小斑点，扩大后呈黄褐色，由于受叶脉限制而成多角形斑。潮湿时，病斑背面产生白霉。严重时，外叶大量枯死。种株发病，茎、花梗、花器、种荚上都长出白霉、畸形。种荚淡黄色，出现黑褐色长圆条斑，细小弯曲，结实少。

（2）发病条件。该病是真菌病害。病菌随病株残体在土壤中越冬，也可在母株上越冬。翌年借风、雨传播侵染。在16～20℃时发病迅速，多雨、多露、日照不足时流行严重。此外，连作、重茬、低洼地、通风不良、密度过大、营养不良、生长衰弱时，发病严重。田间病毒病发生严重时，霜霉病发生也严重。不同的品种间抗病性也有差异。

（3）防治方法。品种选用抗病的品种。多数杂交一代均有一定抗病性；种子消毒播种前，用种子重量的0.3%的50%福美双或25%瑞毒霉或75%百菌清拌种，消灭种子表面的病菌；合理轮作，适期播种与十字花科作物隔年轮作，邻作也忌十字花科作物，减少传染源。秋冬栽培的播种期适当推迟，避开高温、多雨季节。田间管理苗期及时除去病苗和弱苗；收获后及时清洁田园，深翻土壤，减少病源。施足有机肥，增施磷、钾肥；生长期及时浇水，施足追肥，保证植株健壮生长，增强抗病力。药剂防治，发病初期可用：40%乙磷铝300倍液；25%瑞毒霉800倍液；64%杀毒矾M8的500倍液；72.2%普力克600～1 000倍液；大生M-45的400～600倍液，上述药剂之一，或轮流交替应用，每7～10d一次，连喷3～4次。

3. 软腐病

又叫“烂葫芦”“烂疙瘩”“水烂”等。主要为害大白菜、白菜、甘蓝、萝卜等十字花科蔬菜。国内各地都有发生，为害十分严重。

（1）症状。多在生长后期开始发病。发病初期，植株外叶萎蔫，早晚还可恢复。严重时，叶萎蔫不能恢复，外叶平贴地上，叶柄基部及根茎髓部完全腐烂，呈黄褐色黏稠物，发出臭气。

（2）发病条件。该病为细菌性病害，由细菌侵染致病。病菌在病株残体、堆肥中越冬，翌年通过雨水、灌溉水、肥料传播。病菌主要通过机械伤口、昆虫咬伤等侵入。在植株其他病害严重，生长衰弱，愈伤能力弱时发生严重。在15～20℃的低温条件下，多雨、高温、光照不良等气候因素下，病害易流行。例如，连作、平畦栽培、管理粗放、伤口多时发生严重。

（3）防治方法。

①品种选择。选择抗霜霉病、病毒病、软腐病的品种；可与禾本科作物、豆类作物等不易感病的作物轮作，忌与十字花科、茄科、瓜类作物连作；整地、施肥选用高燥地块，忌低洼、潮湿、黏重地；应用高垄、高畦栽培，忌平畦；增施腐熟的有机肥，防止肥料带菌。

②田间管理。适当晚播，避开高温多雨易发病季节。雨季及时排水、防涝，降低田间温度。发现病株，及时清除，携出田外，深埋或烧毁。病穴应撒石灰粉消毒。田间管理应尽量减少机械损伤。

③及时防治病虫害。及时防治地下害虫及其他食叶害虫，减少伤口。及时防治病毒病、霜霉病，也可减轻软腐病的发生。

④药剂防治。发病严重地，在根周围撒石灰粉，每公顷900kg，可防止病害流行。播种前，用菜丰宁B1拌种，每公顷用量1 500g，或用种子重量的1.5%的中生菌素；或用增产菌50mL拌种，可消灭种子及苗周围土壤中的病菌。发病初期可用农抗120 150倍液；农用链霉素100mg/L；新植霉素200mg/L；70%敌克松500～1 000倍液；菜丰宁B1 80倍液，上述药剂之一，喷雾或灌根，每株250mL。

4. 白斑病

该病主要为害大白菜、白菜、甘蓝、萝卜等十字花科蔬菜。国内发生普遍，华北、东北地区发生严重。

（1）症状。主要为害叶片。发病初期，叶面上散生灰褐色微小的圆形斑点，后渐扩大成为圆形或椭圆形病斑，中央变成灰白色，有 1 ～ 2 道不明显的轮纹，周缘有苍白色或淡黄绿色的晕圈，直径 6 ～ 18mm。后期病斑互相合并，形成不规则的大病斑。潮湿时，病斑背面产生淡灰色霉状物。后期病斑变白色半透明，并破裂穿孔。一般外层叶先发生，向上蔓延。

（2）发病条件。该病为真菌病害。病菌随病株残体在土表越冬，也可在种子或种株上越冬。翌春随风、雨传播。白斑病发生的温度范围为 5 ～ 28℃，适温为 11 ～ 23℃。适于发病的空气相对湿度为 60%以上。在温度偏低、昼夜温差大、田间结露多、多雾、多雨的天气易发病。此外，连作、地势低洼、浇水过多、播种过早等因素也会造成病害流行。不同的品种抗病性也有一定差异。

（3）防治方法。

①品种。一般杂交种较抗病。

②轮作。实行与非十字花科作物 2 ～ 3 年的轮作。

③种子处理。选用无病种株，防止种子带菌。带菌种子可用 50℃温汤浸种；或把种子放在 70℃的温度下处理 2 ～ 3d，以消灭种子上的病菌。

④田间管理。适期晚播，避开发病环境条件；增施有机肥，配合磷、钾肥料，补充微量元素肥料；及时清除田间病株，减少病源。

⑤药剂防治。发病初可用 15%嗪胺灵 300 倍液；50%霉锈净 500 倍液；40%多硫 600 倍液；40%混杀硫 600 倍液；50%多菌灵 800 倍液；大生 M-45 400 ～600 倍液，上述药剂之一，或交替应用，每 15d 一次，连喷 2 ～ 3 次。

5. 炭疽病

该病主要为害大白菜、白菜、萝卜、甘蓝等蔬菜。国内发生普遍，长江流域发生严重，华北、东北也有为害。

（1）症状。主要为害叶片、叶柄、叶脉，有时也侵害花梗和种荚。叶片上病斑细小、圆形，直径 1 ～ 2mm，初为苍白色水浸状小点，后扩大呈灰褐色，稍凹陷，周围有褐色边缘，微隆起。后期病斑中央部褪成灰白至白色，极薄，半透明，易穿孔。在叶脉、叶柄和茎上的病斑，多为长椭圆形或纺锤形，淡褐色至灰褐色，凹陷较深。严重时，病斑连合，叶片枯黄。潮湿时，病斑上产生淡红色黏质物。

（2）发病条件。该病为真菌病害。病菌随病株残体在土壤里越冬，或在种子上越冬。翌年通过雨水溅落在植株上侵染。发病适温为 26 ～ 30℃，在高温、高湿条件下发生严重。此外，播种过早、雨量过多、低洼地、种植过密、田间积水等情况下易发病。

（3）防治方法。

①整地。选用地势高燥、易灌能排的地块，忌低洼地、积水地，整地应精细，尽量采用高畦栽培，雨季及时排水。

②轮作。与非十字花科作物实行 2 年以上的轮作；选用抗病的品种。

③种子处理。在无病区、无病株上留种，防止种子带菌；带菌种子可用温汤浸种法消毒；或用种子重量 0.3%的 50%多菌灵或福美双拌种。

④田间管理。适期晚播，避开发病季节。及时清除田间杂株，减少病源。

⑤药剂防治。发病初期可用 50%多菌灵 600 倍液；80%炭疽福美 500 倍液；农抗 120 的 100 单位液；50%硫菌灵 500 倍液：抗

菌剂“401”800～1 000倍液；大生M-45 400～600倍液，上述药之一，或交替应用，每5～7d一次，连喷3～4次。

6. 黑腐病

黑腐病主要为害白菜、甘蓝、萝卜等十字花科蔬菜。国内分布普遍，已成为主要病害之一。

（1）症状。幼苗受害，子叶、心叶萎蔫干枯死亡。成株发病，病斑多从叶缘向内发展，形成“V”形黄褐色枯斑，病斑周围淡黄色。病斑在叶中间时，呈不规则形淡黄褐色斑，有时沿叶脉向下发展成网状黄脉，叶中肋呈淡褐色，被害部干腐，叶片歪扭，部分发黄。湿度大时，病部产生黄褐色菌脓或油浸状湿腐。

（2）发生条件。该病为细菌性病害，由细菌侵染致病。病菌随种子、种株、病株残体在土壤中越冬。翌年通过病苗、肥料、风雨、农具进行传播。发病适温为25～30℃。高温、高湿有利于发病。在连作、早播、低洼地块、管理粗放、虫害严重、机械伤口多等条件下发病严重。品种间抗病性也有差异。

（3）防治方法。

①种子。在无病区或无病种株上留种，防止种子带菌。播种前应进行种子处理，可用温汤浸种或药剂处理，方法同霜霉病。与非十字花科作物实行1～2年的轮作。

②土壤处理。可用50％福美双1.25kg；或用65％代森锌0.5～0.75kg，加细土10～12kg，沟施或穴施入播种行内，可消灭土中的病菌。

③田间管理。适期播种，高垄直播；施足腐熟的有机肥；合理密植；拔除病苗；适当浇水；减少机械伤口等，均可减轻病害的

发生。

④药剂防治。发病初可用65%代森锌500倍液；农用链霉素或新植霉素200mg/L；氯霉素2 000～3 000倍液；50%福美双500倍液，上述药剂之一，或交替应用，每7～10d一次，连喷2～3次。

7. 黑斑病

又叫黑霉病。主要为害白菜、大白菜、甘蓝、萝卜等十字花科蔬菜。国内普遍发生，为害有上升趋势。

（1）症状。幼苗和成株均可受害。受害子叶可产生近圆形褪绿斑点，扩大后稍凹陷，潮湿时表面长有黑霉。成株可为害叶片、叶柄、花梗和种荚等部位。叶多从外叶开始发病，病斑近圆形，直径2～6mm，初呈近圆形褪绿斑，扩大后呈灰白色至灰褐色，病斑上有明显的轮纹，周围有黄色晕圈。湿度大时，病斑上有黑色霉状物。叶柄上病斑梭形，暗褐色，稍凹陷，种株症状同上。

（2）发病条件。该病为真菌性病害。病菌以菌丝体和成分生孢子在病株残体及种子上越冬。翌年借风雨传播。发病适温为13～15℃，在低温、高湿的条件下有利于病害的发生。此外，早播、多雨、管理粗放也有利于病害的流行。不同品种间抗性也有差异。

（3）防治方法。因地制宜选用抗病品种；在无病区和无病植株上采种。播种前应行种子消毒，方法同霜霉病；轮作与非十字花科作物实行2年以上的轮作；及时排水防涝；利用高垄、高畦栽培；施足有机肥，增施磷、钾肥；施用微量元素肥料；适当晚播；及时清理田间病株，深埋或烧毁，减少田间病源；发病初期可用70%代森锰锌500倍液；40%灭菌丹400倍液；农抗120的100单位；多抗霉素50单位；50%扑海因100倍液；60%杀毒矾500倍液；大生M-45 400～600倍液，上述药剂之一，或交替应用，每7～10d一次，连喷3～4次。

九、结球生菜的栽培技术

结球生菜为菊科莴苣属一年或二年生草本植物。可长到0.25～0.8m高，茎中空，有乳汁，叶形多数扁长形。花期7—8月，种子成熟期8—9月（图3-4）。

图3-4 结球生菜

结球生菜为直根系，分布浅，吸肥水能力弱，有圆形、扁圆形、圆锥形、圆筒形等，质地柔嫩，为主要食用部分。

（一）对环境条件的要求

1. 温度

结球生菜为喜冷凉、忌高温作物，种子在4℃以上可发芽，以15～20℃为发芽适温。幼苗能耐较低温度，在日平均温度12℃时生长壮健，叶球生长最适温度为13～16℃。不过目前有些结球生菜的品种可耐高温，但在雨季前最好能及时采收。

2. 光照

结球生菜为长日照作物，在生长期间需要充足的阳光。光线不足易导致结球不整齐或结球松散。

3. 土壤

为了获得良好的叶球，结球生菜尽量选择肥沃的壤土或沙壤土，若土壤偏沙瘠薄、有机肥施用不足，易引起各种生理病害发生。

4. 水分

结球生菜根系入土较浅，在结球前要求有足够水分供应，经常保持土壤湿润。结球后要求较低的空气湿度，若土壤水分过多或空气湿度较高，极易引起软腐病。

（二）品种

生产中多选择耐热、早熟的品种，如皇帝、京优1号。如要求叶球较大，可选用阿尔盘中熟品种。

（三）栽培技术

播种期的选择：结球生菜喜低湿度及冷凉的环境，秋季栽培播种期为9月下旬至11月中旬。也可以早春在保护地育苗，4月下旬至5月中旬定植。

播种育苗：先将种子浸几分钟后用湿布包起来，注意通气，放于15～20℃环境中催芽，经2～3d发芽即可播种。营养杯育苗法用种量少，苗成活率高，苗壮，而且定植时保持根系完好，定植后生长快，包心早。营养杯育苗土配方为泥土6份、堆肥3份、谷壳（或蛭石）1份，并加入少量硼砂，混匀后入杯。每杯播2～3

粒种子。播后覆盖 1 层薄土，再盖稻草，淋足水分。另外，有的地区用穴盘育苗，成苗效果也很好。

苗期管理：播后 2 ～ 3d 出芽即可揭去稻草，揭草不及时易产生高脚苗。夏季播种育苗，要搭遮阴棚，既可防雨水冲击，又可遮阴。出苗后，每天早、晚淋水。播后约 2 周进行间苗，除去弱苗、高脚苗，保留 1 株健壮的苗。苗龄 15d 后可施稀薄尿素。一般苗期 25 ～ 30d。

整地定植：定植前细致整地，施足基肥，使土层疏松，以利根系生长和须根吸收肥水。早熟种采用双行栽植，行距 35cm，中熟种及晚熟种适当疏植，以便充分生长。可采用高畦栽培，行距 40cm，株距 30 ～ 35cm，亩植 3 000 ～ 3 700 株。定植后 3 ～ 4d，每天早、晚适量浇水以提高成活率。若发现缺株，应及时补苗。

田间管理：结球生菜生长期较长，要分几次追肥，一般 7 ～ 10d 追肥 1 次。定植后 4 ～ 6d 薄施速效氮肥，以促进发根和叶生长。开始包心时，要增施钾肥。在植株封行前，要施重肥，每亩用复合肥 20kg 加氯化钾 7.5kg，可在两行之间开浅沟施入，再覆土，避免肥料接触根系。定植至开始包心（莲座期）可用淋灌或浇灌，保持土壤湿润。进入莲座期，要严格控制水分，避免病害发生。结球期忌畦面积水或植株接触水分，故不可采用淋水或喷灌，可采用“跑马式”沟灌或在行间淋水。采收前 15d 应进行控水。结球生菜根系浅，中耕不宜太深，以免损伤根系，中耕应在植株封行前进行。日本大面积栽培结球生菜时，采用覆盖黑色地膜方法，对于降温及保湿、防止肥料流失及杂草产生有很好效果。

采收：结球生菜从定植至采收，早熟种约 55d，中熟种约 65d，晚熟种 75 ～ 85d。但以提前几天采收为好。采收标准，可用两手从叶球两旁斜按下，以手感坚实不松为宜。收获前 15 天控水。收获时选择叶球紧密的植株自地面割下，剥除老叶，留 3 ～ 4 片外叶保护叶球，或剥除所有外叶，用聚苯乙烯薄膜进行单球包装，并及时转入冷藏车厢运出销售，运贮适宜温度为 1 ～ 5℃。

十、蕹菜栽培技术

蕹菜，俗称空心菜，该种原产中国，现已作为一种蔬菜广泛栽培，或有时逸为野生状态。中国中部及南部各省常见栽培，北方比较少，宜生长于气候温暖湿润、土壤肥沃多湿的地方，不耐寒，遇霜冻茎、叶枯死。分布遍及热带亚洲、非洲和大洋洲。除供蔬菜食用外，尚可药用，内服解饮食中毒，外敷治骨折、腹水及无名肿毒。蕹菜也是一种比较好的饲料。蕹菜原来仅于中国南方种植，北方各省新引进地区都称空心菜，一年生或多年生草本植物。以嫩茎、叶炒食或做汤，富含各维生素、矿物盐，是夏秋季很重要的蔬菜（图 3–5）。

图 3–5　蕹菜

（一）生长习性

蕹菜须根系，根浅，再生力强。旱生类型茎节短，茎扁圆或近圆，中空，浓绿至浅绿。水生类型节间长，节上易生不定根，适于扦插繁殖。子叶对生，马蹄形，真叶互生，长卵形，心脏形或披针形，全缘，叶面光滑，浓绿，具叶柄。聚伞花序，1 至数花，花冠漏斗状，完全花，白或浅紫色。子房二室。蒴果，含 2 ～ 4 粒种子。种子近圆形，皮厚，黑褐色，千粒重 32 ～ 37g。蕹菜性喜温暖温润，耐光，耐肥。生长势强，最大特点是耐涝抗高温。在 15 ～ 40℃条件下均能生长，耐连作。对土壤要求不严，适应性广，无论旱地水田，沟边地角都可栽植。夏季炎热高温仍能生长，但不耐寒，遇霜茎叶枯死，高温无地区可终年栽培。蕹菜属高温短日照作物，在江淮流域子蕹能开花结籽。而藤蕹对短日照要求严格，在江淮流域不能开花结籽，只能用无性繁殖。

（二）栽培技术

蕹菜是一类既可生活于旱地又可生活于水田的水陆两栖性植物，但还是水分较多时生长旺盛，最适宜在肥水田或畜舍附近的经常排粪水的田中种植。较肥的旱地也能种植，在旱地种植能促进其多结种子，所以留种时可在旱地栽培。

蕹菜对土壤的适应性强，既耐肥，又耐渍，也有一定的耐瘠性，但在人工栽培条件下，为了达到高产，以富含有机质的黏壤或壤土栽培为最适。蕹菜不耐旱。

蕹菜种子在 15℃左右开始发芽，生长适温为 20 ～ 35℃，种蔓腋芽萌发初期温度达 30℃以上时，萌芽快。光照要充足，但对密植的适应性较强，属短日照型，特别是藤蕹比子蕹对短日照要求更严，日照稍长就难以开花、结实，故常用无性繁殖。

蕹菜分旱栽和水植两种栽培方式。北方以旱栽为主；南方旱栽、水植并存。早熟栽培以旱栽为主，中晚熟栽培多数水植。

1. 旱蕹菜栽培技术

播种、育苗与定植：旱蕹菜可露地直播，也可育苗移栽。华北地区播种一般在 4 月中旬前后陆续进行，可一直延续到 8 月。若利用保护设施，播种期可提前。露地直播采用条播或点播，行距 30 ～ 35cm。点播穴距 15 ～ 20cm，每穴点种子二三粒。直播亩用种量 10kg 左右，当苗高 3cm 左右便可分批进行间苗，最后按 15 ～ 20cm 距离定植。

育苗移栽多采用平畦育苗，撒播。每亩苗床用种量 18kg 左右，可定植 10 ～ 15 亩。

蕹菜种子种皮厚而坚硬，吸水慢。早春气温低，出苗缓慢。如遇低温多雨天气，容易造成烂种，所以应于播种前浸种（约浸 24h）催芽，播后盖细土 1cm 厚，以利种子出芽和扎根，并覆塑料薄膜提温保温，待苗出土后撤膜。5 ～ 7d 后出苗。当苗高 15 ～ 20cm 时分批取大苗移栽定植。定植株行距为 15 ～ 20cm，每穴 1 ～ 2 株。

无性扦插：凡是不能开花结实的品种，只能进行无性扦插繁殖。蕹菜易发不定根，故无性繁殖易成活。具体方法不一。有些地方是将上年留好的种蔸直接栽植于大田，幼苗长出 35cm 以上时进行压蔓，以便再发新根，促发新苗。以后经常压蔓，直到布满全田，再分期分批采收上市或移栽。也可将上年留下的藤茎置于20～25℃的温暖苗床催芽，苗高10～20cm时扦插在背风向阳、温暖肥沃的土壤中，以扩大繁殖系数，然后扦插于本田。

肥水管理：早栽宜选择地势低、土壤湿润而肥沃的地块栽培。定植活棵后，除要中耕除草，以利提高地温外，还要追肥。定植1个月后，进入夏季，气温升高，植株生长迅速，需肥需水量大，要勤追肥、勤奋浇水。

肥料以追施稀薄人粪尿和速效氮肥为主，追肥浓度不能过高，以免烧苗，应掌握前轻后重的原则。土壤要经常保持湿润状态。尤其是高温干旱季节，要勤浇水、浇足水。为促使茎叶迅速生长，提早采梢上市，可用20mg/kg赤霉素对幼苗叶面喷雾，每隔7～10d喷一次，共进行2～3次。

2. 水蕹菜的栽培技术

蕹菜有浅水栽植和深水浮植两种。

浅水栽植是利用浅水田或浅水塘栽培。栽前先将水放掉，进行整地、去除杂草，然后扦插。插条长约20cm，按26cm左右间隔距离斜插入2～3节，深度3cm左右，种秧叶露出水面即可。扦插后，为提高土温、利于发根成活，水层不宜过深，一般以保持6～9cm为宜。

深水浮植的方法是将蕹菜秧按15cm左右的距离，编在发辫的藤蔑或稻草绳上。为使绳子两面的重量相等，要将种秧的头尾相间旋转。

藤蔑或草绳长10m，两头做成圆圈，套在塘边的木桩上。这样，种秧便可随水面升降而上下浮动。为了便于管理，藤蔑或草绳在水中的排列方式可采取大、小行。大行两绳之间相距1m，小行两绳之间相距30cm。

水蕹菜的管理简单，在水质比较肥沃流水处，植株生长良好，一般不用多施肥。而在缺肥的死水处，则应施肥。下水时温度高，每10～15d采收1次，天凉后，隔20多天采收1次。采收方法同旱蕹。浮水栽植的蕹菜植梢肥嫩，一般产量不高。到生长后期茎叶衰老，而秋季叶菜种类已多，可放任生长，作青饲料用。至霜降以前采收完毕。

（三）病虫害防治

1. 炭疽病

（1）为害症状。主要为害叶片及茎。幼苗受害可导致死苗。茎上病斑近椭圆形，叶上病斑近圆形，暗褐色，叶斑微具轮纹，均生微细的小黑点，发生严重时，叶片枯死，植株局部或全部死亡。

（2）防治方法。发病初期，可选用80%代森锰锌可湿性粉剂600倍液、78%波尔锰锌可湿性粉剂500～800倍液、75%百菌清可湿性粉剂1 000倍液、50%多菌灵可湿性粉剂800倍液等喷雾防治，10d一次，连续防治2～3次。

2. 腐败病

（1）为害症状。全株性病害。发病初期叶片上出现水浸状病斑，后渐扩至叶柄和茎部、产生褐色斑或腐败，后期在叶柄或茎上产生大量暗褐色菌核。

（2）防治方法。加强苗床管理，科学放风，防止苗床或育苗盘高温高湿条件出现。苗期喷洒植宝素7 500～9 000倍液或

0.1% ～ 0.2% 磷酸二氢钾，可增强抗病力。用种子重量 0.2% 的 40% 拌种双拌种。苗床或育苗盘药土处理。可单用 40% 拌种双粉剂，也可用 40% 拌种灵与福美双 1∶1 混合，每平方米苗床施药 8g。药土处理方法同猝倒病。立枯病单发区，单用拌种灵防效不高，须混入等量福美双方可奏效。也可采用氯化苦覆膜法，即整畦后每隔 30cm 把 2 ～ 4mm 的氯化苦深施在 10 ～ 15cm 处，边施边盖土，全部施完后用地膜把畦盖起来，12 ～ 15d 后播种定植。

3. 白锈病

（1）为害症状。病斑在叶背面生，叶正面初现淡黄至黄色斑点，后渐变褐，病斑较大，叶背面生白色隆起状疱斑，近圆形或椭圆形至不规则形，有时愈合成较大的疱斑，后期疱斑破裂散出白色孢子囊，叶片受害严重时病斑密集，病叶畸形，叶片脱落。

（2）防治方法。选用地势高燥的田地，并深沟高畦栽培，雨停不积水；播种后用药土做覆盖土，移栽前喷施一次除虫灭菌剂，这是防治病虫的重要措施；使用的有机肥要充分腐熟，不得混有上茬本作物残体；水旱轮作、育苗的营养土要选用无菌土，用前晒 3 周以上；大棚栽培的可在夏季休闲期，棚内灌水，地面盖上地膜，闭棚几日，利用高温灭菌；选用抗病、包衣的种子，如未包衣，则用拌种剂或浸种剂灭菌；合理密植，及时去除病枝、病叶、病株，并带出田外烧毁，病穴施药或生石灰；地膜覆盖栽培，可防治土中病菌为害地上部植株。

4. 雍菜菜青虫

（1）为害症状。主要是对叶面的啃伤。

（2）防治方法。

①农业防治。冬季清除地上部枯叶及病残体，并结合深翻，加速病残体腐烂，采收罢园后，要彻底清除病株残叶，集中烧毁。重病田实行 1 ～ 2 年轮作，施用腐熟的有机肥，减少病虫源。科学施肥，加强管理，培育壮苗，增强抵抗力。雨季来临时，及时开沟排水，田间不积水。需浇水时应选择在晴天下午进行，每次浇水不要超量，切忌大水漫灌。

②药剂防治。可选用 2.5% 溴氰菊酯乳油 2 000 倍液、2.5% 高效氯氟氰菊酯乳油 1 500 倍液、5% 氟啶脲乳油 1 200 倍液等喷雾防治，7 ～ 10d 一次。

十一、茼蒿栽培技术

（一）生长习性

茼蒿属一二年生草本植物。茼蒿的根、茎、叶、花都可作药，有清血、养心、降压、润肺、清痰的功效。茼蒿具特殊香味，幼苗或嫩茎叶供生炒、凉拌、做汤时食用。茼蒿属浅根性蔬菜，根系分布在土壤浅层。茎圆形，绿色，有蒿味。叶长形，边缘波状或深裂，叶肉厚。头状花序，花黄色，瘦果，褐色。栽培上所用的种子，在植物学称瘦果，有棱角，平均千粒重 1.85g。茼蒿性喜冷凉，不耐高温，生长适温 20℃左右，12℃以下生长缓慢，29℃以上生长不良。茼蒿对光照要求不严，一般以较弱光照为好。属长日照蔬菜，在长日照条件下，营养生长不能充分发展，很快进入生殖生长而开花结籽。因此在栽培上宜安排在日照较短的春秋季节。肥水条件要求不严，但以不积水为佳。茼蒿的品种依叶片大小，分为大叶茼蒿和小叶茼蒿两类。

（二）栽培技术

1. 整地施肥

选择土层深厚、疏松湿润、有机质丰富、排灌方便、保水保肥力良好的中性或微酸性壤土。播前深翻土壤，每亩施腐熟粪肥 1 000kg。做成宽 1.5m 的高厢，沟深 20 ～ 25cm。

2. 栽培季节

山东省一年四季均可栽培，在秋冬季需设施栽培。播种至采收一般需 30 ～ 60d。

3. 播种

茼蒿植株小、生长期短，可与其他蔬菜间、套作。生产上多采用直播，撒播、条播均可。撒播每亩用种 4 ～ 5kg。条播每亩用种 2 ～ 2.5kg，行距 10cm。为促进出苗，播种前用 30 ～ 35℃的温水浸种 24h，洗后捞出放在 15 ～ 20℃条件下催芽，每天用清水冲洗，经 3 ～ 4d 种子露白时播种。春季选晴天播种，播后用薄膜覆盖，出苗后适当控水，保持适宜的温度，促使幼苗健壮生长。夏秋气温高，播种后应用遮阳网膜等覆盖物覆盖，保持土壤湿润。幼苗期应及时间苗，保证幼苗有一定的营养面积。

4. 田间管理

播种后至出苗前保持土壤湿润，6 ～ 7d 即可齐苗。冬春播种出苗后应适当控制浇水，幼苗 2 ～ 3 片真叶时进行间苗。撒播的，大叶茼蒿 6cm 见方留壮苗，中叶或细叶茼蒿 3 ～ 4cm 见方留苗；条播的，大叶茼蒿株距 5cm，中叶茼蒿 4cm，细叶茼蒿 3cm。充足供水，保持土壤湿润。株高 10cm 左右时随水追 1 ～ 2 次速效氮肥，株高 20cm 左右时开始收割。割完第一刀后再浇水追肥，促进侧枝发生，20 ～ 30d 后再收获。每次亩追施腐熟人畜粪水 500kg、尿素 3 ～ 4kg。

5. 病虫害防治

（1）病害。主要病害有立枯病、叶斑病等。防治立枯病，重点应加强农业综合防治措施，要注意适期播种、防止播种过密、幼苗徒长；药剂防治可采用百菌清可湿性粉剂。叶斑病，防治上应实行轮作，加强田间管理。

（2）虫害。虫害主要有菜螟、蚜虫等，防治方法同一般的栽培蔬菜，但要避免施用高、中毒农药。

6. 适时采收

株高 20cm 时即可采收。在茎基部留 2 ～ 3 片叶割下，以促进侧枝发生。

十二、韭葱栽培技术

韭葱是百合科葱属多年生草本植物，俗名扁葱、扁叶葱、洋蒜苗。鳞茎单生，外皮白色，膜质，实心，略对褶，花葶圆柱状，实心，伞形花序球状，无珠芽，密集花；花白色至淡紫色；花丝稍比花被片长，子房卵球状，花果期 5—7 月。韭葱原产欧洲中南部。欧洲在古希腊、古罗马时已有栽培，20 世纪 30 年代传入中国，广西栽培时间较长，多代替蒜苗食用。韭葱嫩苗、鳞茎、假茎和花薹，可炒食、做汤或做调料。韭葱抗寒、耐寒、生长势强。能经受 38℃左右高温和 –10℃低温（图 3–6）。

图 3-6 韭葱

（一）生长习性

韭葱是能产生肥嫩假茎（葱白）的二年生草本植物，又叫作扁葱、扁叶葱、洋蒜苗。

韭葱耐寒、耐热性均较强，适宜生长在昼温为 15 ～ 25℃，夜温为 12 ～ 13℃的环境条件下。喜欢清凉湿润的气候，但耐旱、耐涝性较差。对土壤适应性广，沙土、黏土均可栽培。适宜在富含有机质、肥沃、疏松的土壤上栽培，土壤 pH 值为 7.7 的微碱性最好。韭葱可全年栽培，以春秋二季种植为主。

（二）栽培技术

1. 适期播种

韭葱生长期较长，为能在春节供应上市，并能给早春茬菜腾地，应适当早播。可在 8 月初播种，此时播种出苗快且齐，生长健壮。播前整平苗床，每亩施圈肥 7 500 ～ 8 000kg，浅耕 6 ～ 9cm，整细搂平，然后作畦，灌足底水。将种子放入清水中搅拌，捞出秕子，然后用 60 ～ 65℃的温水浸泡 40 ～ 60min，晾干后均匀地撒入苗床，覆 0.5 ～ 1cm 厚的细土。

2. 适时移栽

当韭葱 4 ～ 5 片叶时，要适时移栽定植。定植前挖沟，沟深 20 ～ 25cm，栽前将基肥和土混合撒到沟内，每亩配合施用过磷酸钙 15kg。栽后浇水，覆土，以不埋心叶为宜。亩栽 15 000 棵左右，株距 8cm，行距 55cm。

3. 肥水管理

韭葱根系吸肥力弱，宜选有机质丰富、疏松的土壤栽培。韭葱定植时已是秋末冬初，气温、地温较低，缓苗较为缓慢，此时要少浇水，加强中耕保墒，促进根系发育，使之迅速缓苗。霜降后，天气日益冷凉，应及时扣棚。立冬以后，根系基本恢复，进入发棵盛期，对肥水的需要增加，要结合灌水进行第一次追肥，亩施有机肥 1 000 ～ 1 500kg，追尿素 10 ～ 15kg，配合施入复合肥 20kg，把肥撒在沟脊上，结合中耕与土混合锄于沟内。第二次追肥在假茎生长盛期。亩施尿素 10kg 或腐熟人粪尿 500 ～ 1 000kg，并适量追加速效性氮肥，结合浇水进行。这一时期，灌水应掌握少浇勤浇的原则，经常保持土壤湿润，以满足假茎生长的需要。在韭葱生长后期，应视情况追加一定数量的尿素或叶面肥。

4. 中耕培土

培土是提高韭葱品质的一个重要措施。假茎的伸长主要依靠分生组织所分生的叶鞘细胞的延长生长，而叶鞘细胞的延长生长，要求黑暗、湿润的环境条件，并以营养物质的输入和贮存为基础，所以在加强肥水管理的同时，还要求分期培土。缓苗后，结合中耕进行少量覆土，以后结合追肥和中耕锄草分3次培土，每次培土厚度均以培至最上叶片的出叶口为宜，切不可埋没心叶，以免影响韭葱生长。

5. 温湿度管理

韭葱抗寒、耐热、生长势强，能经受38℃左右高温和 -10℃低温，生长适宜温度为昼温18～22℃、夜温12～13℃。霜降以后，天气渐凉，应及时加盖草苫。草苫要早揭晚盖，阴天时也要将草苫揭开，可适当晚揭早盖。在晴好天气中午，棚内温度超过35℃时，可适当放风，当温度降到26℃以下时，关闭通风口。冬天棚内不可浇大水，防止棚内湿度过大，病害增多。棚内湿度大时，要选晴好天气8—9时放风排湿。

6. 病虫害防治

韭葱常见的病害有霜霉病和灰霉病等，根据时间和环境条件，要积极做好预防工作。发病时，霜霉病可用75%百菌清可湿性粉剂600倍液或64%杀毒矾可湿性粉剂500倍液进行防治；灰霉病可用80%多菌灵600倍液或50%速克灵1 000～1 500倍液进行防治。韭葱常见的虫害有斑潜蝇和葱蓟马，可用50%辛硫磷乳油1 000倍液或1.8%阿巴丁2 000倍液进行防治。

7. 采收与留种繁殖

（1）采收。春播者10月即可收获，可根据市场需要随时采收上市，也可冬贮1～2个月上市。秋播者到翌年3—4月陆续采收上市，也可在5月采收花薹。一般亩产葱苗4 000～5 000kg。采种者一般行秋播，幼苗越冬。入冬浇冻水覆盖越冬，3—4月抽花薹。抽薹后少浇水，花球形成时适当加大浇水量，开花后结合浇水追肥1次，以保持土壤潮湿，7月采收种子。

（2）留种。春季播种的在霜降后可随时采收上市，秋播的到翌年3—4月陆续上市。采收时可连根刨出，抖掉泥土，剔除病根、伤根，即可进行贮藏。韭葱在0℃的低温、85%～95%的湿度下可贮藏2～3个月，目前多采用窖藏。入窖前先在窖底浇水，等水渗下后将捆好的韭葱根部朝下排放在窖内，把与把之间不要靠得太紧，否则叶片会发热变黄。夜间或遇寒流侵袭，可覆盖草帘防冻。气温再下降，则揭开草帘，盖上湿土，随着气温的下降而加厚覆土层，这样可一直贮藏到元旦或春节。

十三、樱桃萝卜栽培技术

（一）植物学特征

樱桃萝卜为直根系，其下胚轴与主根上部膨大形成肉质根。肉质根有球形、扁圆形、卵圆形、纺锤形、圆锥形等。皮色有全红、白和上红下白3种颜色。肉色多为白色，单根重由十几克至几十克（图3–7）。

樱桃萝卜的叶在营养生长时期丛生于短缩茎上，叶形有板叶型和花叶型，深绿色或绿色。叶柄与叶脉多为绿色，个别有紫红色，上有茸毛。植株通过温、光周期后，由顶芽抽生主花茎，主花茎叶腋间发生侧花枝。为总状花序，花瓣4片，呈“十”字形排列。花色有白色和淡紫色。果实为角果，成熟时不开裂，种子扁圆形，浅黄色或暗褐色。种子发芽力可保持5年，但生长势会因长时间的保存而有所下降，所以生产上宜用1～2年的种子作种。

图 3–7　樱桃萝卜

（二）对环境条件的要求

樱挑萝卜起源于温带地区，为半耐寒性蔬菜。种子发芽适温15～25℃。植株生长温度范围为5～25℃。最适温度20℃左右，25℃以上时有机物质的积累减少。呼吸消耗增加，在高温下生长不良。6℃以下生长缓慢，并易通过春化阶段而造成未熟先抽薹，在0℃以下肉质根易受冻害。

对光照要求不严格，属中等光照的蔬菜，也较耐半阴的环境，但在叶片生长期和肉质根生长期，充足的光照有利于光合作用进行，产量、质量均较好，生长期较短。

喜保水和排水良好、疏松通气的沙质壤土，土壤含水量以20%为宜。土壤水分是影响樱桃萝卜产量和品质的重要因素之一。尤其在肉质根形成期土壤缺水，影响肉质根的膨大，须根增加，外皮粗糙，辣味增加，糖和维生素C含量下降，易空心。若土壤含水量偏高，土壤通气不良，肉质根皮孔加大也变粗糙。若干湿不匀，则易裂根。

（三）栽培技术

1. 栽培季节和栽培方式

（1）露地栽培。一般温暖地区全年可分批陆续播种，5—9 月栽培需用寒冷纱覆盖，防暴雨降温栽培，12 月至翌春 2 月需用塑料膜覆盖保温。华南地区露地栽培则从 10 月至翌春 3 月最适。

冷冻地区露地栽培从 4 月上旬或中旬开始，陆续播种至 9 月中旬或下旬。根据各地气温而定。除高温多雨的夏季不宜栽培外，其他季节均可栽培。

（2）保护地栽培。冷凉地区从 10 月上旬至翌年 3 月上旬，可根据具体条件利用塑料大棚、改良阳畦、温室等陆续播种，分期收获。

（3）栽培方式。成片的专门种植，或与其他蔬菜进行间作套种，或种于边栏地。

2. 栽种要点

（1）品种的选择。品种的选择主要看市场的要求而定。北京地区市场以肉质根圆球形，直径 2 ～ 3cm，单根重 15 ～ 20g，根皮红色，肉为白色的樱桃萝卜最好，品种有日本的赤丸二十日大根和德国的早红，生育期 25 ～ 30d，适应性强，喜温和气候，不耐热。扬州水萝卜稍较耐热。四十日大根生育期 30 ～ 35d，抗寒性较强，不耐热。其次是直根形、白皮白肉的长白二十日大根、玉姬，肉质根横径 1.5cm，长约 8cm，生育期 20 ～ 25d。

（2）整地、施基肥。种植地要求深耕、晒土，平整细致，施肥均匀。肥料以基肥为主，一般不需追肥，樱桃萝卜的生长期短。肉质根细小，对肥料种类及数量要求不严格。一般每公顷施腐熟鸡粪肥或其他厩肥 30 000kg 作基肥，播种时再施入过磷酸钙 75 ～ 105kg 作种肥。

在北方一般采用平畦栽培，南方雨季及地下水位较高的地块宜用小高畦。畦面做略小些以便于管理。

（3）播种。樱桃萝卜宜直播，一般按行距 10cm 开浅沟，沟深约 1.5cm 条播，每公顷播种量 15 ～ 22.5kg。冷凉地区露地春播，气候寒冷多风、干旱天气播种应于播前浇足底水，播后覆细土，厚约 2cm，以防止土壤板结，并减少水分蒸发，提高土壤温度，有利于种子发芽及幼苗出土。

樱桃萝卜的生长期短，植株矮小，可用来与生长期较长的作物间种、套种，以增加单产。间作的播种可在高大作物定植或播种期同时进行。例如，在保护地与结球生菜间作，当结球生菜将要封垄前，樱桃萝卜已经收获。

（4）田间管理。播种后如温度在 22 ～ 25℃时，2 ～ 3d 即出苗，当子叶展开时可进行间苗，除去过密苗、弱苗。有 3 ～ 4 片真叶时要及时定苗，株距约 3cm 左右。结合间苗进行中耕除草。要经常灌溉，保持田间湿润，浇水要均衡，不要过干或过湿。如土壤肥力不足，可适当随水施用少量速效氮肥。夏季高温期间应选较阴凉的地方栽培，或利用高生长作物适当遮阳，或架设覆盖遮阳网。

（5）采收。樱桃萝卜播种出苗后 20 ～ 30d，肉质根直径达 2cm 要及时陆续采收，采收过迟纤维增加，且易裂根、糠心，影响商品质量。

（6）种子的生产。中国是萝卜的原产地，然而一般都重视大型萝卜的生产栽培，樱桃萝卜这种小型萝卜虽然有一些优良品种，但供不应求，种子多从国外购进，价格昂贵。为了便于生产，可在国内自繁种子，从冬、春保护地栽培的樱桃萝卜选择外形端正、色泽好的植株作种株，严格隔离采种，采得的种子经过试种，如产品整齐、品质好，可于翌年早春用小株采种法扩大采种量。

（四）营养价值及食用方法

樱桃萝卜含水分较高，并含各种矿物质元素、微量元素和维生素、淀粉酶、葡萄糖、氧化酶腺素、苷酶、胆碱、芥子油、本质素等多种成分，质脆嫩、味甘甜，辣味较大型萝卜轻，适宜生吃，有促进胃肠蠕动、增进食欲、帮助消化等作用。

樱桃萝卜除生吃外还可作泡菜、腌渍、炒食等，樱桃萝卜的叶簇所含营养成分更高，食用方法与肉质根相同。

营养价值：樱桃萝卜相比白萝卜、红萝卜、青萝卜等，更像一种水果，少了辛辣味儿，更加爽脆可口。樱桃萝卜含较高的水分，维生素 C 含量是番茄的 3 ～ 4 倍，还含有较高的矿物质元素、芥子油、木质素等多种成分。萝卜有通气宽胸、健胃消食、止咳化痰、除燥生津、解毒散淤、止泄、利尿等功效，因而生食有促进肠胃蠕动、增进食欲、助消化的作用。另外，萝卜生吃可防癌，主要是萝卜中的木质素及一种含硫的硫代化合物所起的作用。

食用方法：樱桃萝卜根、缨均可食用。根最好生食或蘸甜面酱吃，还可烧、炒或腌渍酸（泡）菜，做中西餐配菜也是别具风味。吃多了油腻的食物，不妨吃上几个樱桃小萝卜，有不错的解油腻的效果。吃萝卜同时，可千万别随手扔掉萝卜缨，它的营养价值在很多方面高于根，维生素C含量比根高近两倍，矿质元素中的钙、镁、铁、锌等含量高出根3～10倍。缨子的食用方法与根基本相同，可以切碎和肉末一同炒食，还可做汤食用。

食用樱桃萝卜的禁忌：不宜与人参同食；错开与水果食用的时间。因樱桃萝卜与水果同食易诱发或导致甲状腺肿大。

十四、马铃薯栽培技术

（一）形态特征

块茎形态：果实为茎块状，扁圆形或球形，无毛或被疏柔毛。茎分地上茎和地下茎两部分。长圆形，直径3～10cm，外皮白色、淡红色或紫色。薯皮的颜色为白色、黄色、粉红色、红色、紫色和黑色，薯肉为白色、淡黄色、黄色、黑色、青色、紫色及黑紫色（图3–8）。

图3–8　马铃薯

植株形态：须根系。地上茎呈菱形，有毛。初生叶为单叶，全缘。随植株的生长，逐渐形成奇数不相等的羽状复叶。小叶，6～8

对，卵形至长圆形，最大者长可达6cm，宽达3.2cm，最小者长宽均不及1cm，先端尖，基部稍不相等，全缘，两面均被白色疏柔毛，侧脉每边6～7条，先端略弯，小叶柄长约1.8mm。伞房花序顶生，后侧生，花白色或蓝紫色；萼钟形，直径约1cm，外面被疏柔毛，5裂，裂片披针形，先端长渐尖；花冠辐状，直径2.5～3cm，花冠筒隐于萼内，长约2mm，冠檐长约1.5cm，裂片5，三角形，长约5mm；雄蕊长约6mm，花药长为花丝长度的5倍；子房卵圆形，无毛，花柱长约8mm，柱头头状。

（二）生长周期

1. 休眠期

马铃薯收获以后，放到适宜发芽的环境中而长时间不能发芽，属于生理性自然休眠，是一种对不良环境的适应性。块茎休眠始于匍匐茎尖端停止极性生长和块茎开始膨大的时刻。休眠期的长短关系块茎的贮藏性，关系播种后能否及时出苗，进而关系产量的高低。马铃薯休眠期的长短受贮藏温度影响很大，在26℃左右的条件下，因品种的不同，休眠期从1个月左右至3个月以上不等。在0～4℃的条件下，马铃薯可长期保持休眠。马铃薯的休眠过程，受酶的活动方向决定，与环境条件密切相关。

2. 发芽期

马铃薯的生长从块茎上的芽萌发开始，块茎只有解除了休眠，才有芽和苗的明显生长。从芽萌生至出苗是发芽期，进行主茎第一段的生长。发芽期生长的中心在芽的伸长、发根和形成匍匐茎，营养和水分主要靠种薯，按茎叶和根的顺序供给。生长的速度和优劣，受制于种薯和发芽需要的环境条件。生长所占时间就因品种休眠特性、栽培季节和技术措施不同而长短不一，从1个月到几个月不等。

3. 幼苗期

从出苗到第六叶或第八叶展平，即完成1个叶序的生长，称为“团棵”，是主茎第二段生长，为马铃薯的幼苗期。幼苗期时间较短，无论春作或秋作只有短短半个月。

4. 发棵期

从团棵到第十二或第十六叶展开，早熟品种以第一花序开花；晚熟品种以第二花序开花，为马铃薯的发棵期，为时1个月左右，是主茎第三段的生长。发棵期主茎开始急剧拔高，占总高度50%左右；主茎叶已全部建成，并有分枝及分枝叶的扩展。根系继续扩大，块茎膨大到鸽蛋大小，发棵期有个生长中心转折阶段，转折阶段的终点以茎叶干物质量与块茎干物质量之比达到平衡为标准。

5. 结薯期

即块茎的形成期。发棵期完成后，便进入以块茎生长为主的结薯期。此期茎叶生长日益减少，基部叶片开始转黄和枯落，植株各部分的有机养分不断向块茎输送，块茎随之加快膨大，尤在开花期后10d膨大最快。结薯期的长短受制于气候条件、病害和品种熟性等，一般为30～50d。

马铃薯性喜冷凉，是喜欢低温的作物。其地下薯块形成和生长需要疏松透气、凉爽湿润的土壤环境。

（三）种植技术

世界各地马铃薯的栽培技术因地理气候条件不同而异。主要利用块茎进行无性繁殖。为避免切刀传染病毒和环腐病，应选用直径为 3 ～ 3.5cm 的健康种薯进行整薯播种。

1. 选育途径

（1）利用产生 2*n* 配子的二倍体杂种与普通栽培种杂交。

（2）利用新型栽培品种与普通栽培种杂交。

（3）利用块茎无性繁殖时，种薯在土温 5 ～ 8℃的条件下即可萌发生长，最适温度为 15 ～ 20℃。适于植株茎叶生长和开花的气温为 16 ～ 22℃。夜间最适于块茎形成的气温为 10 ～ 13℃（土温 16 ～ 18℃），高于 20℃时则形成缓慢。出土和幼苗期在气温降至 −2℃即遭冻害。开花和块茎形成期为全生育期中需水量最大的时期，如遇干旱，每亩每次灌水 15 ～ 20t 是保证马铃薯高产稳产的关键技术措施。

2. 种植技术

马铃薯一般在亩产 1 330 ～ 1 650kg 的情况下吸收氮 6.65 ～ 11.65kg、磷酸 2.8 ～ 3.3kg 和氧化钾 9.3 ～ 15.3kg。马铃薯虽能适应多种土壤，但以疏松而富含有机质的（pH 值 5.5 ～ 6.0）黑土最为理想。密度每亩保苗不能少于 4 000 株。从美国引进的大西洋土豆，产量高，品质佳，收益显著。

（1）播前准备。深翻土地 24 ～ 25cm，再整平。若播前墒情不足，应提前 10d 灌水补墒。

（2）肥料配制。提前 20d 左右按每亩 300 ～ 500kg 厩肥均匀加入 25 ～ 50kg 碳酸氢铵在向阳处密封堆好，充分腐熟后混匀，深翻土地时施入并翻入土壤。

（3）种薯播前处理。消毒，每亩用种 120kg，原种用瑞毒霉 400 ～ 500 倍液喷湿；切块，将每个种薯切成 8 块以上。因其顶端优势，尽量在顶端有芽眼处多切块，然后用 10mg/kg 赤霉素 1 包加水 10kg 浸种 5min 或加水 75kg 喷洒种块；催芽，将薯块平放在适墒净土上，使薯芽向上，上铺 2cm 土再平放一层种薯，反复 3 ～ 4 层后再上铺 5cm 厚土，堆放在背阳处，用农膜盖严，15d 后即可播种。

上述工作一般应在元月中旬前做好，因马铃薯在膨大期如外界温度超过 25℃，块茎则停止生长，秧蔓则生长旺盛，所以必须有 90 ～ 100d 的适宜生长期，播种不宜推迟。

（4）播种要求。按行距 70cm、株距 20cm 开沟向一边翻土，沟深 6 ～ 8cm，放种薯时使薯芽向上，然后覆土起垄高 10 ～ 15cm。压实后覆上地膜，在芽顶膜后，破膜覆土。

（5）田间管理。当苗长 3 ～ 5 片叶时注意防治蚜虫。显蕾初期和盛花期各追肥一次，一般施瑞毒霉 500 倍液加尿素或磷酸二氢钾 1%加膨大素。薯块膨大期注意加强田间灌水，以提高产量。

（6）及时收获。6 月中旬品质最佳，应及时收获。

（7）病虫害防治。

马铃薯的病害主要是晚疫病。第一，严格检疫，不从病区调种；第二，要做好种薯处理，实行整薯整种，需要切块的，要注意切刀消毒；第三，在生长期，如发现有晚疫病发病植株，应及时喷药防治，可用 50%的代森锰锌可湿性粉剂 1 000 倍或 25%瑞毒霉可湿性粉剂 800 倍液进行防治，每 7d 一次，连喷 3 ～ 4 次。

马铃薯的虫害主要是蚜虫、28 星瓢虫和地下害虫，主要防治方法有：蚜虫防治用 10% 蚜虱一遍净（吡虫啉）可湿性粉剂 1 000 倍进行防治；28 星瓢虫用 80% 敌百虫 500 倍液喷雾防治，发现成虫即开始防治；地下害虫主要是蝼蛄、蛴螬和地老虎，用 80% 敌百虫可湿性粉剂 500g 加水溶化后和炒熟的棉籽饼或菜籽饼或麦麸 20kg 拌匀作毒饵，于傍晚撒在幼苗根的附近地面诱杀，或用辛硫磷颗粒剂 812 粉，随播种施入土壤进行防治。

十五、黄瓜栽培技术

黄瓜是一年生蔓生或攀援草本，茎细长，有纵棱，被短刚毛。黄瓜栽培历史悠久，种植广泛，是世界性蔬菜。南方黄瓜栽培季节较长，露地栽培可达 9 个月以上，利用设施栽培可达到周年生产与供应，年种植面积 5 万～ 10 万亩，是市销和出口的重要蔬菜之一（图 3-9）。

图 3-9　黄瓜

黄瓜根系分布浅，再生能力较弱。茎蔓性，长可达 3m 以上，有分枝。叶掌状，大而薄，叶缘有细锯齿。花通常为单性，雌雄同株。瓠果，长数厘米至 70cm 以上。嫩果颜色由乳白色至深绿色。果面光滑或具白、褐或黑色的瘤刺。有的果实有来自葫芦素的苦味。种子扁平，长椭圆形，种皮浅黄色。

（一）物种分类

根据黄瓜的分布区域及其生态学性状分下列类型。

南亚型黄瓜：分布于南亚各地。茎叶粗大，易分枝，果实大，单果重 1 ～ 5kg，果短圆筒形或长圆筒形，皮色浅，瘤稀，刺黑或白色。皮厚，味淡。喜湿热，严格要求短日照。地方品种群很多，如锡金黄瓜、中国版纳黄瓜及昭通大黄瓜等。

华南型黄瓜：分布在中国长江以南及日本各地。茎叶较繁茂，耐湿、热，为短日性植物，果实较小，瘤稀，多黑刺。嫩果绿、绿白、黄白色，味淡；熟果黄褐色，有网纹。代表品种有昆明早黄瓜、广州二青、上海杨行、武汉青鱼胆、重庆大白及日本青长、相模半白等。

华北型黄瓜：分布于中国黄河流域以北及朝鲜、日本等地。植株生长势均中等，喜土壤湿润、天气晴朗的自然条件，对日照长短的反应不敏感。嫩果棍棒状，绿色，瘤密，多白刺；熟果黄白色，无网纹。代表品种有山东新泰密刺、北京大刺瓜、唐山秋瓜、北京丝瓜青以及杂交种中农 1101、津研 1–7 号、津杂 1 号、津杂 2 号、鲁春 32 等。

欧美型露地黄瓜：分布于欧洲及北美洲各地。茎叶繁茂，果实圆筒形，中等大小，瘤稀，白刺，味清淡；熟果浅黄或黄褐色，有东欧、北欧、北美等品种群。

北欧型温室黄瓜：分布于英国、荷兰。茎叶繁茂，耐低温弱光，果面光滑，浅绿色。有英国温室黄瓜、荷兰温室黄瓜等。

小型黄瓜：分布于亚洲及欧美各地。植株较矮小，分枝性强。多花多果。代表品种有扬州长乳黄瓜等。

目前市场上生产上种植黄瓜有华南型黄瓜和华北型黄瓜，栽培品种主要有以下几个。

园丰元6号青瓜：山西夏县园丰元蔬菜研究所生产，一代杂种，中早熟，长势强，主侧蔓结瓜，雌花率高，瓜条直顺，深绿色，有光泽，瓜长35cm，白刺，刺瘤较密，瓜把短，品质优良，产量高，亩产5 000kg。适宜春、夏、秋种植。

早青二号：广东省农业科学院蔬菜研究所育成的华南型黄瓜一代杂种，生长势强，主蔓结瓜，雌花多。瓜圆筒形，皮色深绿，瓜长21cm，适合销往港澳地区，耐低温，抗枯萎病、疫病和炭疽病，耐霜霉病和白粉病。播种至初收53d。适宜春秋季栽培。

津春四号青瓜：天津市农业科学院黄瓜研究所育成的华北型黄瓜一代杂种，抗霜霉病、白粉病、枯萎病，主蔓结瓜，较早熟，长势中等，瓜长棒形，瓜长35cm。适宜春秋露地栽培。

粤秀一号：广东省农业科学院蔬菜研究所最新育成的华北型黄瓜一代杂种，主蔓结瓜，雌株率达65%，瓜棒形，长33cm，早熟，耐低温，较抗枯萎病、炭疽病、耐疫病和霜霉病，适宜春秋露地栽培。

中农8号：中国农业科学院蔬菜花卉研究所育成的华北型黄瓜

一代杂种。植株长势强，分枝较多，主侧蔓结瓜，抗霜霉病、白粉病、黄瓜花叶病毒病、枯萎病、炭疽病等多种病虫害。适宜春秋露地栽培。

（二）生长习性

黄瓜喜温暖，不耐寒冷。生育适温为 10 ～ 32℃。一般白天 25 ～ 32℃、夜间 15 ～ 18℃生长最好；最适宜地温为 20 ～ 25℃，最低为 15℃左右。最适宜的昼夜温差 10 ～ 15℃。黄瓜高温 35℃光合作用不良，45℃出现高温障碍，低温 -2 ～ 0℃冻死，如果低温炼苗可承受 3℃的低温。

华南型品种对短日照较为敏感，而华北型品种对日照的长短要求不严格，已成为日照中性植物，其光饱和点为 5.5 万 lx，光补偿点为 1 500lx，多数品种在 8 ～ 11h 的短日照条件下，生长良好。

黄瓜产量高，需水量大。适宜土壤湿度为 60% ～ 90%，幼苗期水分不宜过多，土壤湿度 60% ～ 70%，结果期必须供给充足的水分，土壤湿度 80% ～ 90%。黄瓜适宜的空气相对湿度为 60% ～ 90%，空气相对湿度过大很容易发病，造成减产。

黄瓜喜湿而不耐涝、喜肥而不耐肥，宜选择富含有机质的肥沃土壤。一般喜欢 pH 值 5.5 ～ 7.2 的土壤，但以 pH 值为 6.5 最好。

（三）黄瓜种植方法

1. 土壤选择和整地

选择 pH 值在 6.0 ～ 7.5，富含有机质、排灌良好、保水保肥的偏黏沙壤土，忌与瓜类作物连作，前茬最好为水稻田。整地采用深沟高畦，畦宽 1.8 ～ 2.0m（连沟），畦高 30cm，南北走向，双行植，株距 30cm。

2. 适时播种、育苗与定植

早春 1—3 月播种，夏秋 6—8 月。春播采用浸种催芽后育苗或地膜覆盖直播，夏秋浸种直播或干种直播均可。

浸种催芽在黄瓜播种中普遍应用，用 50 ～ 55℃温开水烫种消毒 10min，不断搅拌以防烫伤。然后用约 30℃温水浸 4 ～ 6h，搓洗干净，捞起沥干，在 28 ～ 30℃的恒温箱或温暖处保湿催芽，20h 开始发芽。早春小拱棚保温育苗，用育苗杯或苗床育苗，苗龄 15 ～ 20d（2 片真叶）时定植，于晴天傍晚进行，要注意保护根系，起苗前淋透水，起苗时按顺序，做到带土定植，以防伤根。

3. 定植移栽

（1）合理密植。每块土栽 2 行，每穴栽 1 株，株距一般为 25 ～ 30cm。

（2）定植时间。早春在大棚内或小拱棚覆盖生产，可于 3 月 20 日前后选择冷尾暖头的晴天移栽。

先打定植孔，直径和深度均比营养钵大 1cm 以上，移栽时，选择大小均匀一致的秧苗，应轻拿轻放，确保根系完整，有利于缩短缓苗期，提高成活率。

浇稳根水。

稳根水的配置方法：每 50kg 水加 250g 尿素、枯草芽孢杆菌 60g、海藻生根剂 60mL。充分拌匀后施用，每株浇水 250g。浇水后用土将定植孔封闭。

（3）肥水管理与培土。施足基肥是稳产高产的关键之一。黄瓜对基肥反应良好，整地时深耕增施腐熟有机肥 2 000 ～ 3 000kg/ 亩、毛肥 50kg/ 亩、过磷酸钙 30kg/ 亩作基肥。植株 2 ～ 3 片真叶时，开始追肥。黄瓜根的吸收力弱，对高浓度肥料反应敏感，追肥以“勤施、薄施”为原则，每隔 6 ～ 8d 追肥一次，亩施尿素 5 ～ 6kg。

卷须出现时结合中耕除草培土培肥，采收第一批瓜后再培土培肥一次，亩施花生麸 15 ～ 20kg，复合肥 30kg，钾肥 10kg。

夏秋季由于气温高，生长发育迅速，衰老也快，加之降水量大，肥水流失多，除了施足基肥外，要早追肥。1 ～ 2 片真叶期和采收第一批瓜后各培土培肥一次，要重视磷、钾肥，以避免徒长、早衰。

春黄瓜苗期要控制水分。开花结果期需水量最多，晴天一般 1d 淋水一次，旱情 3 ～ 5d 灌水一次。雨天时要做好防涝工作。

（4）搭架引蔓与整枝。一般卷须出现时插竹搭架引蔓，搭“人”字形架。引蔓在卷须出现后开始，每隔 3 ～ 4d 引蔓一次，使植株分布均匀，于晴天傍晚进行。黄瓜是否整枝依品种而定，主蔓结果的一般不用整枝；主侧蔓结果或侧蔓结果的，要摘顶整枝，一般 8 节以下侧蔓全部剪除，9 节以上侧枝留 3 节后摘顶，主蔓约 30 节摘顶。

（5）采收。春季黄瓜从定植至初收约 55d，夏秋季 35d。开花 10d 左右可采收，以皮色从暗绿变为鲜绿有光泽、花瓣不脱落时采收为佳。头瓜要早收，以免影响后续瓜的生长，甚至妨碍植株生长，形成畸形瓜和植株早衰，从而影响产量。

（6）病虫害防治。黄瓜病虫较多，对产量、品质影响较大的有疫病、霜霉病、枯萎病、炭疽病、白粉病等，虫害主要有黄守瓜、蚜虫、美洲斑潜蝇等。黄瓜疫病是一种毁灭性病害。我国南方以春季黄瓜发生严重，低洼地和高温多雨潮湿天气最易发病并引起严重流行。感病植株主要茎基部节间再现水渍状病斑，继而环绕茎部湿腐、缢缩，病部以上蔓叶萎蔫，瓜果腐烂，以致整株死亡。

霜霉病主要由气流传播，侵染频繁、潜伏期短、流行性强。主要为害叶片，形成黄色或淡褐色多角形病斑，叶片背面有紫灰霉层。此病多于地势低洼、通风不良、浇水过多地方发生，对设施栽培黄瓜的后期产量往往造成很大损失。

枯萎病多在开花结果期发生，病株生长缓慢，下部叶片发黄，逐渐向上发展。病情开始时萎蔫不显著，中午萎蔫，早晚恢复，反复数日才枯萎死亡。此病发生严重，药剂防治效果差，往往影响后期产量。

炭疽病于高温湿季节为害严重。发病温度为 10 ～ 38℃，以 22 ～ 27℃最适宜，黄瓜苗期至成株期均可发病，主要以菌丝体或拟菌核在种子上或病残株上越冬。早春设施棚内温度低、湿度大，叶面常结有水珠，此时最易流行，露地以 5—6 月发病较严重。此外，连作、氮肥过多、大水漫灌、通风不良、植株衰弱易发病严重。

白粉病多发生于生长中后期，发病越早损失越大。主要为害叶片，田间温度较大，气温 16 ～ 24℃时极易流行。植株徒长、枝叶过密、通风不良、光照不足，病情发生较严重。

对黄瓜病害应采取综合防治：选用抗病品种，春季选用早青二号、三号，夏秋季选用夏青四号、五号等具有抗性的新品种，可减少打药次数，提高产量；合理轮作，忌与瓜类作物连作，最好与水稻轮作，也可与叶菜类、水生蔬菜轮作；发病初期注意清除残枝叶并及时喷药，以防病势蔓延。防治疫病可喷 58% 瑞毒霉锰锌 500 ～ 800 倍液或 40% 乙膦铝 250 ～ 230 倍液；防治霜霉病可用克露 800 ～ 1 000 倍液或 75% 百菌清可湿性粉剂 600 ～ 700 倍液；防治枯萎病可用 70% 敌克松或 50% 代森铵 1 000 ～ 1 500 倍液，炭疽病用施保功 1 000 ～ 1 500 倍液或 80% 炭疽福美可湿性粉剂 800 倍液；白粉病可喷灭威 500 ～ 600 倍液或 50% 胶体硫 150 ～ 200 倍液。

黄瓜虫害主要有蚜虫、黄守瓜、美洲斑潜蝇、烟粉虱。这几种害虫主要以成虫或若虫为害叶片和嫩茎，影响植株正常生长。特别是美洲斑潜蝇，是我国新发现的一种检疫性害虫，繁殖力强，传播快，严重威胁瓜类生产，可用 20% 好年冬 1 500 ～ 2 000 倍液或赛宝 800 ～ 1 000 倍液防治，效果较理想。

十六、甘蓝栽培技术

（一）生长习性

甘蓝矮且粗壮，茎肉质，不分枝，绿色或灰绿色；基生叶多，质厚，层层包成球状体，乳白或淡绿色，基生叶及下部茎生叶长圆状倒卵形或圆形，叶柄有宽翅，上部莲生叶卵形或长圆形，基部抱茎；总状花序顶生或腋生，萼片直立，窄长圆形，花瓣淡黄色，宽长倒卵形或近圆形；果呈圆柱形，两侧稍扁，喙圆锥形，花期 4 月，果期 5 月。甘蓝原产于欧洲，在中国各地均有栽培，喜温和凉爽气候，比较耐寒，生长适温范围幅度较宽，在日均温 6 ～ 25℃的条件下，均能正常生长和结球（图 3–10）。

图 3-10 甘蓝

（二）栽培技术

种子是决定甘蓝产量和质量的基础条件。遵循因地制宜的原则，结合当地水文气候状况、市场需求、病虫害发生规律等方面的因素进行合理化的选种，优选经过当地农业农村部门审核认定和推荐的优良品种，高海拔地区应选择耐寒早熟品种，干旱地区应选择耐旱早熟品种。

1. 种子消毒

播种前，需对甘蓝种子进行相应的处理。首先，在晴朗天气将种子均匀摊铺晾晒，打破种子的休眠期，激发种子活性。需注意，禁止在水泥地暴晒，防止种子被灼伤。其次，对种子进行消毒，准备适量 50°C 温水，然后放入种子浸泡 0.5h，浸种时不停地搅拌，水温降至 30°C 时停止搅拌继续浸种 3h。或者可用 25% 甲霜灵可湿性粉剂拌种，预防霜霉病。用 47% 加瑞农可湿粉剂拌种，预防黑腐病。最后，浸种后的种子捞出洗净，自然风干后用湿润的纱布包裹放置于恒温 25°C 环境下催芽，当大部分种子露白时播种即可。

2. 苗床准备

甘蓝育苗移栽时，做好苗床准备工作非常重要。应结合甘蓝的生长特性，优选土层深厚、土壤肥沃、疏松透气、保水保肥能力强，富含有机质、灌水排水便利、周边无污染源的地块做为苗床，以 pH 值在 6 ～ 7 的壤土、沙质土最为适宜。要结合种子规模合理确定苗床大小，并做好苗床整理工作，清理干净田间的杂草、地膜、残枝败叶，然后在地表上撒施基肥，基肥以腐熟有机肥为主，化肥为辅，一般每亩施加腐熟有机肥 2 500 ～ 3 000kg、复合肥 50kg，然后将肥料深翻入土，深度控制在 20cm 左右，将肥料深翻入土，耙平地面，确保苗床无大土块，便于播种育苗作业。此外，要做好苗床土消毒工作，建议用 50%DT 杀菌剂 500 倍液分层喷洒于土上，然后拌匀铺入苗床，杀灭土壤中残留的病菌。

3. 育苗

准备妥当后，需浇灌充足的底水，然后即可进行播种育苗作业。播种时建议采用条播法或点播法，每亩用种 50g 左右，播后覆土 1cm，并覆盖适量的稻草或地膜，起到增温保墒提湿的效果，提高出苗率。播种后需做好出苗前的管理工作，灵活控制温度和湿度，出苗前温度以 15～25℃ 为宜，出苗后温度以 10～20℃ 为宜。要做好间苗、分苗等工作，实现对壮苗的培育。定植前需低温联苗，此时可将温度降至 5℃ 持续 5d，以便于适应大田环境，保证移栽后的成活率。

4. 移栽定植

（1）温室栽培。甘蓝幼苗长出 7cm 时是温室栽培的最佳时间，过早、过晚均会对甘蓝的移栽成活产生一定的影响。应选择在晴天清晨或下午移栽定植，避开中午高温时间段，确保甘蓝能够更快缓苗。要结合甘蓝品种灵活控制栽培密度，一般情况下，早熟品种以每亩定植 4 000 ～ 6 000 株为宜，中晚熟品种以每亩定植 2 500 ～ 3 000 株为宜。定植缓苗后，要适当调整温室内的温度，白天 23°C 左右，夜晚 12°C 左右，湿度控制在 45% 左右。

（2）露地栽培。需在科学选地整地的基础之上，按照南北走向作畦，畦宽 100cm、畦梗高 20cm、畦梗宽 10cm，畦面要平整。菜农应选择晴天清晨或者下午移栽定植。行距为 55cm，株距为 50cm，每亩移栽定植 3 000 ～ 4 000 株，应结合土壤墒情、品种特性灵活调整栽培密度，更好地保障甘蓝产量及质量。栽培后，应做好追肥、浇水、除草等各项工作，尤其是墒情较差的地块，应密切留意甘蓝长势和降雨情况，若发现长势缓慢、萎蔫，则要及时追肥浇水，提高长势。

5. 田间管理

（1）莲座期。甘蓝定植后 3 ～ 4 周进入莲座期，此时要做好中耕除草工作，避免杂草和甘蓝争夺水分及养分，同时也能够提高土壤的蓄水保墒能力，增加土壤通透性，促进甘蓝生长。中耕时应做到浅锄细锄，避免对甘蓝根系造成损伤，首次中耕后间隔 2 周再中耕除草一次。与此同时，要重视水分管理工作，莲座期对水分的需求量较低，一般每间隔 3 周左右浇水一次，建议采用滴灌法、喷灌法、沟灌法，禁止大水漫灌，防止发生黑腐病。此外，甘蓝莲座期应适当追肥，一般每亩追施尿素 8kg、硫酸钾 5kg，满足甘蓝生长对养分的需求。

（2）结球期。进入结球期后，甘蓝叶片开始抱团，此时生长发育极快，对于水分和养分的需求量明显增加，所以应结合甘蓝长势、土壤墒情做好肥水管理工作，一般每隔 2 周浇水 1 次，保持土壤适当湿度在 35% 左右，不可大水漫灌，防止湿度过大引发腐烂病。浇水的同时，应适当追肥，合理控制好氮磷钾的施肥量，保证配比合理，促进甘蓝生长，避免徒长或缺肥。结球期一般每亩追施有机复合肥 25kg 左右。与此同时，甘蓝结球期可叶面喷施适量的磷酸二氢钾溶液，以晴天下午喷施为宜，可显著提高甘蓝净菜率、商品率。

6. 适时采收

甘蓝成熟后，要及时采收。采收时间过早或过晚均会影响产量和质量。菜农应结合甘蓝品种特性控制好采收时间，一般以球重达到 1.5 ～ 2kg 且叶球紧实时采收为宜。

（三）甘蓝主要病虫害

1. 软腐病

软腐病是甘蓝栽培常见病，属细菌性病害，多发于结球期，患病植株叶球形成水渍状病斑，然后腐烂成泥状，有的溃烂。大部分叶球组织腐烂，包心软腐，出现恶臭味，叶柄腐烂，颜色为灰褐色，后期整株腐烂，一踢即倒、一拎即起。该病可让甘蓝减产 50%，温度高湿度大时甘蓝软腐病呈现出高发趋势，若种子携带病菌、常年连作、地势低、土壤黏、湿度大、管理不到位，会进一步增加甘蓝软腐病的发病率。

防治策略：提高轮作意识，坚持和麦类等作物实行 3 年以上轮作，减少田间细菌数量；做好选地整地工作，深翻晾晒土壤，杀灭部分致病菌；加强田间管理，重点做好追肥、浇水、除草等工作，提高植株的抗病性；若发现有中心病株，要第一时间清除掉，并将石灰撒在病穴处，防止细菌扩散；病害严重时，可交替喷施72%农用硫酸链霉素可溶性粉剂3 000～4 000倍液、86.2%氧化亚铜可湿性粉剂2 000倍液，每间隔一周喷药一次，连续用药2～3次。

2. 霜霉病

科学选种，优选抗霜霉病的良种栽培；重视种子消毒工作，建议用50%代森铵水剂200倍液浸种消毒20min后再播种；坚持轮作，优先和非十字花科蔬菜实行3年以上轮作倒茬；做好育苗管理工作，促进壮苗的培育；加强肥水管理工作，结合浇水进行追肥，控制好甘蓝生长后期温度湿度，避免甘蓝发病；发生病害后，应清理掉病株，同时喷施40%代森锰锌胶悬剂400倍液、75%百菌清可湿性粉剂600倍液，每间隔一周喷药一次，连续喷药2～3次。

3. 病毒病

病毒病有着较高的发生率，该病可发生于任何时期。苗期患病后，叶片会产生直径2mm的圆形斑点，颜色为黄色，后期叶片颜色变淡。成株期患病后，老叶背面出现坏死的斑点，颜色为黑色，结球晚且松散，叶片皱缩。高温干旱环境下，甘蓝病毒病高发，若播种时间过早，常年和十字花科蔬菜连作，施肥浇水不及时，会进一步增加甘蓝病毒病发生率。

防治策略：重视品种选择工作，遵循因地制宜的原则选择抗病良种；控制好播种时间，避开高温时间段和蚜虫繁殖盛期；加强田间管理，出苗后落实温湿度、肥水管理工作，促进壮苗的培育；重视对田间地头杂草的处理，防止蚜虫繁殖栖息，避免其传播病毒；

药剂预防时，可在 5 ～ 6 叶期喷施 50% 抗蚜威可湿性粉剂 1 500 倍液防治蚜虫，杀灭传播载体；病害严重时，可喷施 8% 宁南霉素水剂 300 倍液、1.5% 病毒灵乳剂 1 000 倍液，每间隔一周喷药一次，连续喷药 2 ～ 3 次。

4. 黑斑病

患病植株外叶会出现诸多小斑点，呈黑褐色，后期不断扩大为灰褐色圆形的病斑，潮湿环境下病斑处形成大量的霉状物，颜色为黑色，随着病斑的不断增多和扩大，叶片逐渐发黄枯萎。若是茎、叶柄发病，则会出现条形病斑，湿度大时会产生黑霉。该病属真菌性病害，病菌可在土壤和病残体上越冬，翌年随风雨传播，高温多雨季节发病率升高，生长衰弱的植株发病后症状较重。

甘蓝黑斑病防治策略如下：科学选种，同时做好种子消毒工作，建议用 50% 福美双、50% 扑海因拌种，可降低黑斑病发病率；坚持轮作，尤其是重病地应实行 3 年以上轮作；控制好栽植密度，避免过度拥挤，营造适宜的光照和通风条件；加强肥水管理，配合浇水及时追肥，促进植株健壮生长，提高抗性；若发现有病株病叶，应及时清除带出田间烧毁，防止病菌传播；发生病害后，可交替喷施 50% 扑海因 1 500 倍液、75% 百菌清 500 倍液，每间隔一周喷药一次，连续用药 2 ～ 3 次。

5. 甘蓝夜蛾

甘蓝夜蛾发生率较高，其幼虫会对甘蓝造成较大的为害，严重时可吃光全部甘蓝，仅留下叶脉、叶柄。甘蓝夜蛾属夜间活动的害虫，其将卵产在叶片背面，幼虫孵化后钻入甘蓝叶球内啃食，同时排出粪便，导致叶球被污染，并且会增加腐烂的概率。

防治策略：利用其趋光性特征，在田间设置黑光灯、频振式杀虫灯，夜间开灯可有效诱杀甘蓝夜蛾；配置糖醋液，将糖醋水按照3∶1∶6的比例调配均匀，再加入适量的敌百虫溶液，倒入容器内放置于田间诱食，进而杀灭夜蛾；重视对天敌的应用，如草蛉、赤眼蜂等，均是其天敌，可将虫卵消灭，减轻甘蓝夜蛾的为害；害虫数量较多时，可交替喷施10%天王星乳油8 000倍液、5%抑太保4 000倍液，每间隔一周喷药一次，连续用药2～3次。

6. 菜粉蝶

菜粉蝶，幼虫称菜青虫，严重为害甘蓝生长，幼虫喜啃食叶肉，仅留下叶脉。同时，菜粉蝶所排泄的粪便，会对甘蓝球茎造成污染，导致甘蓝的商品价值下降。甘蓝菜青虫的为害盛期为4—6月和8—10月，是为害甘蓝生长的常见害虫之一。

防治策略：提高轮作意识，禁止和十字花科蔬菜连作，优先和麦类作物实行3年以上轮作倒茬；前茬作物收获后应清理干净田间的病残株，并深翻土壤晾晒，杀灭残留的幼虫、蛹；合理控制甘蓝的定植时间，避开菜青虫为害盛期；重视对赤眼蜂、蝶蛹金小蜂等天敌的保护和利用，抑制田间菜粉蝶数量；重视对生物药剂的使用，如Bt乳油，对菜粉蝶的防治效果显著；化学药剂防治时，可轮换喷施90%晶体敌百虫1 500倍液、50%辛硫磷乳油500倍液、2.5%溴氰菊酯乳油3 000倍液，每间隔一周喷药一次，连续用药2～3次。

7. 甘蓝蚜

甘蓝蚜也被称为菜蚜，其主要积聚在叶面上刺吸植物汁液，导致叶片逐渐卷缩、变形，甘蓝生长异常，影响正常包心。不仅如此，蚜虫还可通过排泄蜜露的方式，引发病毒病、煤污病。蚜虫卵可在甘蓝上越冬，翌年春季温湿度适宜后孵化，并迁飞到甘蓝等蔬菜上，春末夏初、秋季进入甘蓝蚜高发盛期。

防治策略：坚持轮作，前茬作物收获之后要做好田间残留枝叶的清理工作；合理控制好甘蓝的移栽定植时间，尽可能地避开蚜虫迁飞传毒高峰；重视对田间地头杂草的清除，破坏蚜虫的栖息和繁殖场所；利用蚜虫的趋色性特征，在田间悬挂黄板，每亩悬挂 25 张左右，可有效诱杀甘蓝蚜；在田间铺设银灰色膜，可起到不错的驱蚜虫效果；害虫数量较多时，可交替喷施 50% 辟蚜雾可湿性粉剂 2 000 倍液、20% 氰戊菊酯乳油 3 000 倍液，每间隔一周喷药一次，连续用药 2 ～ 3 次。

十七、小葱栽培技术

（一）特征特性

小葱为百合科葱属，是多年生草本植物葱的茎与叶，上部为青色葱叶，下部为白色葱白。原产西伯利亚，我国栽培历史悠久，分布广泛，而以山东、河北、河南等省为重要产地。根据葱白的长短可分为两个类型，即大葱和小葱。大葱植株高大，葱白洁白而味甜，在北方栽培较多。用途葱是日常厨房里的必备之物，它不仅可作调味之品，而且能防治疫病，可谓佳蔬良药。多用于煎炒烹炸；南方多产小葱，是一种常用调料，又叫香葱，一般都是生食或拌凉菜用（图 3–11）。

株丛直立，株高 30 ～ 45cm，管状，叶绿色，长 40cm，葱白长 10cm 左右，鳞茎不膨大，略粗于葱白。抗逆性强，四季常青不凋，香味浓厚。早春起身早，生长速度快。

图 3–11　小葱

（二）种植

长江流域小葱一般是 3—4 月播种，6—7 月收获；也可在 9—10 月播种，翌年 4—5 月收获。这期间以没有长成的幼秧供应市场，食嫩叶为主。宜选地势平坦、排水良好、土壤肥沃的田块种植，无论沙壤、黏壤土均可，对土壤酸碱度要求不严，微酸到微碱性均可。但不宜多年连作，也不宜与其他葱蒜类蔬菜接茬，一般种植 1 ～ 2 年后，需换地重栽。选择好地块后随即耕翻，一般每亩施入腐熟厩肥或粪肥 2 500 ～ 3 500kg，外加磷、钾肥 30 ～ 35kg，或复合肥 40kg。施后耕耙作畦，畦宽 2m 左右，畦沟宽 40cm，深 15 ～ 25cm，做到“三沟”配套，能灌能排。

分葱和细香葱一般都采用分株繁殖。分株栽植在植株当年已发生较多分蘖、平均气温在 20℃左右进行为宜，长江流域一般均在 4—5 月和 9—10 月两个时期，具体依当地气温而定。栽前将留种田中的母株丛掘起，剪齐根须，用手将株丛掰开。栽植行株距分葱较大，细香葱较小。一般分葱行距为23cm，穴距20cm，每穴栽分蘖苗2～3株，栽深4～5cm；细香葱行距10cm，穴距8cm，每穴栽分蘖苗2～3株，栽深3～4cm。栽后浇足水，细香葱有时也结少量种子，可用于播种繁殖。栽植成活后浅锄，清除杂草；追肥为10%腐熟稀粪水或0.5%尿素稀肥水，亩浇施1 000～1 500kg。由于葱类根系分布较浅，吸收力较弱，故不耐浓肥，不耐旱、涝，与杂草竞争力较差，必须小水勤浇，保持土壤湿润，并注意多雨天气要及时排除积水。栽植成活后开始分蘖，分蘖上可再抽生二次分蘖。一般在栽后2～3个月株丛已较繁茂，即可采收。如暂不采收，也可留田继续生长，陆续采收到冬季。或对每株丛拔收一部分分蘖，留下一部分继续培肥管理，待生长繁茂后再收。

十八、油麦菜栽培技术

（一）品种特性

图3-12 油麦菜

油麦菜属菊科，是以嫩梢、嫩叶为主食用的尖叶型叶用莴苣，叶片呈长披针形，色泽淡绿、长势强健。抗病性、适应性强、质地脆嫩，口感极为鲜嫩、清香、单株可达0.3kg，亩产3 000～5 000kg、有“凤尾”之称（图3-12）。

（二）栽培季节

油麦菜耐热、耐寒、适应性强，可春种夏收、夏种秋收，早秋种植元旦前收获，以及冬季大棚生产等。一般大棚生产，在寒冬到来之前育成壮苗为宜，即苗期避开1月寒冬季节。早春播1—3月中棚内播种育苗，标准棚筑2畦，中间开1条沟，深翻筑畦，浇足底水，种子撒播畦内，覆盖籽泥，以盖没种子为度，平铺塑料薄膜（2层薄膜1层地膜），一般10～15d出苗，逢阴雨低温时间出苗时间更长些。齐苗后揭除地膜，通风换气，白天要防高温伤苗，晚上防冻害；夏播4—6月露地育苗，选择高势地，2m连沟，深翻施腐熟厩肥，筑畦整平。浸种3h，待种子晾干后播种。育苗床浇足底水，将种子散播在畦面上，并盖好籽泥，浇足水，如遇高温干旱，畦上覆盖遮阳网，齐苗后早晚揭网，苗床肥水要适中，不宜过干；秋播7—9月，油麦菜育苗要浸种催芽。方法是将种子用纱布包好后浸水3～4h，然后取出放入冰箱冷藏室内10～15h，有75%出芽即可播种。秋播育苗最好用小拱棚或大棚，出苗后注意土壤墒情，不宜过干过湿，并及时拔除杂草，确保排水通畅；冬季栽培可于11—12月播种育苗，前提是大棚要施好基肥，翻耕作畦，6m宽的大棚作2畦或3畦，播种田床土要削细，隔天浇足底水，然后撒播，每分地播籽150g左右，可供种植大田3亩左右，播后撒一层营养土盖没种子，再平盖一层塑料薄膜或地膜。出苗后及时揭去平盖的薄膜，加强管理，做好通风换气和保暖工作。

（三）育苗技术

油麦菜夏秋栽培，必须催芽播种，否则难以保证育苗成功。因油麦菜种子发芽适温为 15 ～ 20℃，超过 25℃或低于 8℃不出芽。简单易行的发芽方式是：先将种子用清水浸泡 4 ～ 6h，然后捞起沥干，装入丝袜内可选择以下 3 种方法催芽。

1. 河沙催芽法

即在阴凉处铺上湿润的河沙 20 ～ 30cm 厚，然后将浸泡过的种子撒在河沙表面，再铺 1 ～ 2cm 厚湿河沙，并用新鲜菜叶盖上。

2. 保温瓶冰块催芽法

将浸泡好的种子，吊在瓶内，在瓶内加上清水、冰块，并达到 15 ～ 20℃，每隔 1d 冲洗一遍，并坚持换水和加冰块。

3. 冰箱低温催芽法

把浸泡好的种子用纱布包好，放入 15 ～ 20℃的冰箱内、并坚持每天冲洗一遍。上述催芽经 2 ～ 4d，有 60% ～ 70% 出芽即可播种。适宜季节可直播育苗、冬春可在拱棚内保温育苗，夏秋季节育苗和生产最好采用遮阳网遮光降温生产。

（四）合理密植

季节不同，苗龄差异较大，夏秋需 20 ～ 30d，冬春需 50 ～ 70d，一般 4 ～ 6 片真叶即可定植。株行距要求 15cm×20cm。

（五）田间管理

油麦菜一般采取平畦栽培，油麦菜有 5 ～ 6 片真叶时即可定植，行株距 20cm 左右。定植前深翻施足基肥，一般每亩施腐熟厩肥 3 000kg，碳酸氢铵 80 ～ 100kg，2m 连沟，深沟高畦。苗龄 4 ～ 5 叶定植，秧苗健壮，株行距 10 ～ 15cm，平畦栽培。春播露地移栽，施足腐熟厩肥，每亩施碳酸氢铵 80kg。定植后浇足定根水，如遇干旱，以肥水促进，25 ～ 30d 即可上市，亩产量 1 800 ～ 2 000kg。秋播 7—9 月正遇高温干旱季节，且常暴雨，移栽后应浇足活棵水，用遮阳网覆盖 5 ～ 7d，活棵后如遇阴雨天可解除遮阳网，肥水适中，有利于油麦菜正常生长，20 ～ 30d 即可上市，一般亩产量 1 600 ～ 1 800kg。秋冬播 10—11 月在露地移栽，12 月遇寒潮侵袭，需移栽在大棚内，25 ～ 30d 即可上市，亩产量 1 500kg 左右。定植前施足基肥，每亩施优质厩肥 5 000kg、二铵 40kg、尿素 20kg、硫酸钾 20kg 或草木灰 200 ～ 300kg，做成 1.5m 连沟的畦。定植时浇好定植水，1 周后浇足缓苗水、缓苗后配合浇水冲施提苗肥（尿素 15kg），后期重施促棵肥（尿素 30kg），定植缓苗后及时中耕、深锄以利于蹲苗，促进根系发育。整个生长发育期，保持田间湿润，土壤疏松。定植的管理方法同莴笋基本相同，须加强肥水管理，既要保持充足水分，又要防止过湿而造成水渍为害，同时要做好病虫害的防治。

（六）病虫害防治

油麦菜的病害主要是霜霉病，可用多菌灵、克露等防治，虫害主要是蚜虫，可用吡虫啉等防治，霜霉病用 75% 百菌清可湿性粉剂，或 58% 瑞霉 · 锰锌 50g 兑水 20kg 和 70% 乙锰（己磷锰锌）50g 兑水 15kg 交替使用、预防效果更佳：灰霉病、菌核病用

50% 速克灵粉剂 50g 兑水 40 ～ 50kg 喷雾，病害严重时，可酌情加大药量。喷药时间应选晴天 15 时或雨后转晴叶面不带露水时较好。

（七）收获

定植后根据各种条件不同，30 ～ 50d 即可收获，亩产量 1 000 ～ 1 500kg，冬季要长一些。收获时夏季在早上进行，冬季温室内应在晚上进行，可用刀子在植株近地面处割收，掰掉黄叶、病叶，捆把或装筐即可销售。如果进行长途运输，还要进行预冷，或在包装箱内放入冰块（冰块周围容易发生冻害）。

（八）贮藏

油麦菜的贮藏适宜温度为 0℃，适宜相对湿度 95% 以上。进行贮藏或运输的，要求油麦菜的质量要高，叶片不要太嫩，水分含量宜低，收获时要轻收、轻放，避免机械损伤。

（九）采收上市

一般株高 25cm 左右即可采收上市。菜价好时，偏大一些上市，植株可留到 30 ～ 35cm，以提高产量，增加收益。种植油麦菜由于时间短，病虫害轻，经济效益比较高。

十九、荷兰豆栽培技术

（一）植物学特性

荷兰豆属半耐寒性植物，喜冷凉而湿润的气候，较耐寒，不耐热。种子在 4℃下能缓慢发芽，但出苗率低，时间长。吸涨后的种子在 15 ～ 18℃下仅 4 ～ 6d 即出苗，30℃的高温条件不利出苗，种子易霉烂。幼苗可耐 –5℃的低温，生长期适温为 12 ～ 20℃，开花期适温为 15 ～ 18℃，荚果成熟期适温为 18 ～ 20℃；温度超过 26℃时，授粉率低，结荚少，品质差，产量低（图 3–13）。

图 3–13　荷兰豆

（二）栽培技术

荷兰豆属长日照植物。大多数品种在延长光照时能提早开花，缩短光照时延迟开花，但是有些早熟品种对光照要求不严格。一般品种在结荚期都要求较强的光照和较长时间的日照，但不宜高温。

荷兰豆在整个生长期都要求较多的水分。种子发芽过程中，若土壤水分不足，种子无法吸水膨胀，会大大延迟出苗期。苗期能忍受一定的干旱气候。开花期若遇空气湿度过低，会引起落花落荚。在豆荚生长期若遇高温干旱，会使豆荚纤维提早硬化，过早成熟而降低品质和产量。所以，在荷兰豆整个生长期内，必须有充足的水分供应才能旺盛生长，荚大粒饱，保质保量。但它又不耐涝，若水分过大，播种后易烂籽，苗期易烂根，生长期易发病。

荷兰豆对土壤的适应能力较强，以疏松、富含有机质的中性土壤最佳，在 pH 值 6.0 ～ 7.2 的土壤中生长良好。土壤酸度低于 5.5 时，易发病害。荷兰豆忌连作，一般至少 4 ～ 5 年轮作。

1. 整地

荷兰豆主根系发青早而迅速，栽培适宜选择土层深厚，通透性良好、疏松、地势高，易于排水的沙质土壤种植。荷兰豆忌连作，并应在坐北朝南的开阔地方种植，选择 3 年未种植过的土地种植荷兰豆最好，采取连片种植的方式，播种前可结合翻土，另加硼砂、硫酸锌和硫酸锰，当然也可以使用绿色肥料。整理好土地后做好畦，并且最好挖好围沟、腰沟，沟与沟相连以利于排水。

2. 播种

播种荷兰豆要因地制宜，一般在 11 月中旬到下旬。选用粒大饱满，整齐、无公害的种子播种，这样保证出苗整齐、健壮。在播种前应晒种子 2 ～ 3h，并对其进行消毒。播种时采取每穴 3 粒，开穴播种，然后铺上稻草可保温防冻、防除杂草。还可以在此时播撒草木灰，加强营养。

一般采用直播。畦宽 100cm 者，每畦种两行，畦宽 150cm 者，每畦种 3 行。条播者每隔 20 ～ 25cm 播 3 粒种子；穴播者，穴距 30cm，每穴播 3 ～ 4 粒种子，覆土 3cm。若育苗移栽，苗龄 25 ～ 30d。

3. 浇水与排水

根据荷兰豆的特性，在浇水时没什么过多要求，因为荷兰豆的适应能力强，可根据自己的土地情况实时浇水。但是处在生长期间若遇到灾害，可浇水保湿。尤其是在开花期间，如果太过干燥，会引起花荚的掉落。但是雨水太多，要及时开通河沟，进行排水，防止根腐病的发生。

结合中耕除草，追肥 2 ～ 3 次，分别在苗期、抽蔓期和结荚期进行，追施复合肥 8 ～ 15kg。蔓生型荷兰豆在开始抽蔓后，要设支架防倒伏，以利卷须攀缘。要保证充足的土壤水分。但田间不能积水，另外苗期为了促进根系发育，可不浇或少浇水。

4. 施肥

一是做好幼苗期的及时施肥，幼苗期需要的肥料营养很多，要及时做好施肥工作；二是做好中期的施肥，春季返青前，植物经过了一冬天的消耗，能量所剩无几，所以此时施肥犹如及时雨，易于荷兰豆吸收，对后期的生长有很重要的作用；三是做好成熟期的施肥，这时花茎都长成熟，所需能量更是平常生长期的几倍，在荷兰豆生长期应加强肥水的管理，为最后的采收做准备。

5. 病虫害防治

（1）病害。春季是荷兰豆的病害高发期，因为天气干燥，温度回升，所以很容易发生根腐病、枯萎病等多种病害。针对上述病症，每亩用 97% 噁霉灵可湿性粉剂 3 000 倍液浇地，每穴在 100mL 左右即可。在白粉病、褐斑病等发病初期可采取 75% 百菌清可湿性粉剂 2 250 ～ 3 000g 兑水 750kg 喷雾使用。

菌核病用 50% 速克灵可湿性粉剂 1 000 倍液、50% 扑海因可湿性粉剂 1 000 倍液、50% 硫菌灵可湿性粉剂 1 000 倍液、50% 多菌灵可湿性粉剂 800 倍液喷施。

白粉病用 40% 福星乳油 5 000 ～ 6 000 倍液、10% 世高水溶性颗粒剂 1 000 ～ 1 200 倍液、47% 加瑞农可湿性粉剂 800 倍液喷施。

褐斑病用40%福星乳油5 000～6 000倍液、80%山德生可湿性粉剂600～800倍液、80%大生M–45可湿性粉剂800倍液喷施。

（2）虫害。

豆野螟用25%杀虫双水剂500倍液、高含量Bt乳油500倍液、90%敌百虫800～1 000倍液喷杀。

豆蚜用黄板诱杀，或用20%康福多可溶性浓液剂4 000～5 000倍液、12.5%一遍净可溶性浓液剂3 000倍液喷杀。

豌豆潜叶蝇用48%乐斯本乳油1 000倍液喷杀。

6. 及时采收

荷兰豆要及时采收，否则叶子变厚，变大，纤维量增加，质量变差，合格率下降，最终影响荷兰豆的整体质量，进而降低农民的收益，所以采收时要选择新鲜、有光泽、无病虫害、无畸形的荷兰豆，这样有利于市场的销售。

二十、油菜栽培技术

（一）形态特征

油菜为十字花科，芸薹属，一年生草本。直根系。茎直立，分枝较少，株高30～90cm。叶互生，分基生叶和茎生叶两种。基生叶不发达，匍匐生长，椭圆形，长10～20cm，有叶柄，大头羽状分裂，顶生裂片圆形或卵形，侧生琴状裂片5对，密被刺毛，有蜡粉。茎生叶和分枝叶无叶柄，下部茎生叶羽状半裂，基部扩展且抱茎，两面有硬毛和缘毛；上部茎生时提琴形或披针形，基部心形，抱茎，两侧有垂耳，全缘。总状无限花序，着生于主茎或分枝顶端。花黄色，花瓣4，为典型的“十”字形。雄蕊6枚，为4强雄蕊。长角果条形，长3～8cm，宽2～3mm，先端有长9～24mm的喙，果梗长3～15mm。种子球形，紫褐色。细胞染色体：$2n=20$（图3–14）。

图3–14 油菜

（二）种植技术

白菜型油菜生育期变幅较大。北方春小油菜的生育期60～130d；冬小油菜130～290d。油菜的阶段发育比较明显，冬性型油菜，春化阶段要求0～10℃，需经过15～30d；春性型介于春、冬型之间，对温度要求不甚明显。油菜为长日照植物，每天日照时数为12～14h，能满足日照要求，开花结实前增加日照，可以提早成熟；反之，则延缓发育。

油菜依生育特点和栽培管理不同，可分为苗期、蕾薹期、开花期和角果发育成熟期。苗期时间长，一般为60～90d。春性强的油菜，苗期较短。这个时期主要是叶片生长和根系建成。蕾薹期是从植株露出花蕾到第一朵花开放为止。这个时期是营养生长和生殖生长两旺阶段。营养生长较快，每天植株增高2～3cm，叶片面积增大，茎生叶生长并开始分枝。蕾薹期受类型、品种、温度及栽培管理条件诸因素的影响，一般为30d左右。油菜有25%的植株花时，即为初花期，75%植株开花为盛花期，花期约30d。油菜的开花顺序：主茎先开，分枝后开；上部分枝先开，下部分枝后开；同一花序，则下部先开，依次陆续向上开放。油菜的开花期对土壤水分和肥料要求迫切，特别是磷、硼元素尤为敏感。油菜的子实期是从终花至种子成熟，一般为1个月左右。这个时期对矿物质营养的需要逐渐减少，特别是氮肥不宜太多，氮肥过多会贪青晚熟，对油分积累不利。油菜是根深、枝叶繁茂、生长期长的作物。要求生长在土层深厚、肥沃、水分适宜的土壤中。土壤pH值在5～8，以弱酸或中性土壤最为适宜。较耐盐碱，在含盐量为0.2%～0.26%的土壤中能正常生长。

（三）综防技术

选用抗病良种与种子处理。因地制宜选用甘蓝型杂交抗病丰产良种，这是最经济有效的防病措施。播种前可采用筛选等办法清除秕粒和混在种子中的菌核。

合理轮作。采用轮作是防治油菜菌核病、霜霉病的主要措施之一，其方法是实行水稻、油菜轮作或与禾本科作物如小麦、大麦等隔年种植，可显著减轻病害的发生。

狠抓苗期治蚜防病。蚜虫是油菜病毒病的传毒介体，而油菜幼苗最易感染病毒病，预防油菜幼苗感病非常重要。在油菜未播种前，应对其他寄主上的蚜虫普治一次，以消灭传毒的介体。油菜在未移栽前，要勤查虫，当发现有蚜虫时，应立即进行药剂防治。每亩用 50% 抗蚜威 20g，或 48% 乐斯本乳油 20mL，兑水 50kg 常规喷雾。

加强栽培管理。①选好苗床，培育壮苗。选前作为非十字花科蔬菜地并远离十字花科蔬菜的田块作苗床，并清理田块四周杂草。适期播种，加强管理，培育壮苗。②消灭菌源。播种前要深翻土地，深埋菌核，早春结合中耕培土破坏子囊盘。结合苗床管理，拔除病苗、劣苗。油菜开花前摘除老黄病叶并带出田间集中处理。③合理施肥，施足底肥，增施磷钾肥，增强植株抗病力。④深沟高畦，合理密植。雨水过多时，及时开沟排渍，降低田间湿度，使植株生长健壮，增强抗病力。⑤根据土壤缺硼的实际情况，在苗床和本田喷施硼砂或硼酸 1 ～ 2 次，可有效治疗因缺硼引起的“萎缩不实”病和“花而不实”病。

药剂防治。在发病初期，尤其是油菜进入抽薹开花期发病，必须及时施药，以控制菌核病、霜霉病、白锈病等病害的扩展为害。多雨时应抢晴喷药，并适当增加喷药次数。

二十一、香菜栽培技术

（一）品种选择

香菜有大叶型和小叶型之分。大叶型香菜植株高，叶片大、缺刻少而浅，香味淡，产量较高，品种有美国铁梗香菜、澳洲耐热香菜、泰国四季大粒香菜、山东香菜等；小叶型香菜植株较矮，叶片小、缺刻深，香味浓，耐寒，适应性强，适宜秋季种植，但产量稍低，品种有山东小香菜、本地香菜等（图 3–15）。

图 3-15　香菜

（二）田块选择

香菜为浅根性蔬菜，主根粗壮，吸肥能力强，生长期短，应选择排水良好、疏松肥沃、保水保肥、土壤有机质含量高的壤土地块种植。前茬作物收获后，结合整地每亩均匀撒施腐熟农家肥 2 000 ～ 3 000kg、45% 三元复合肥 20 ～ 25kg 作基肥，深翻 20 ～ 25cm，使肥料和土壤充分混匀。整地细耙，筑深沟高畦，畦宽 1.2m，畦高 20cm，沟宽 30cm，确保排灌方便。

（三）播种

1. 种子处理

播种前需搓开种子。将香菜种子放在平整的地面上，用鞋底或其他平整的物品均匀用力慢搓，将香菜种子的外壳搓裂（不要将种子搓成碎末），然后将种子放入 50 ～ 55°C 温水中搅拌，烫种 20min，待水温降至 30°C 左右时继续浸种 18 ～ 20h，种子充分吸收水分后即可播种。夏秋季种植香菜，种子须经低温催芽后播种，可用 1% 高锰酸钾溶液浸种 15min 或用 50% 多菌灵可湿性粉剂 300 倍液浸种 30min，将种子捞出洗净后用湿纱布包好放入冰箱，保持纱布湿润，在 20 ～ 25°C 条件下催芽。

2. 播种

露地栽培，8 月下旬至翌年 4 月上旬均可采用机械条播或人工撒播。机械条播，行距 10 ～ 15cm，开沟深 5cm；撒播，开沟深 4cm。播种前先浇底水，将种子掺适量细土后播种，播后盖土厚 2 ～ 3cm，用脚踩实，浇 1 遍水，保持土壤湿润，每亩用种量 5 ～ 6kg。香菜苗出土前若土壤板结，应及时喷水松土，以利幼苗出土，促进齐苗。

（四）田间管理

1. 中耕除草

幼苗株高 3cm 左右时进行间苗、定苗，整个生长期中耕、松土、除草 2 ～ 3 次。幼苗顶土时，进行第一次中耕除草，用轻型手扒锄或小耙子进行轻度破土皮松土，同时拔除杂草，以利幼苗出土、健壮生长；苗高 2 ～ 3cm 时，进行第二次中耕除草，用小锹或锄头适当深松土（条播的），结合拔除杂草；苗高 5 ～ 7cm 时进行第三次中耕除草。及早中耕、松土、除草，可促进幼苗旺盛生长，待叶片封严地面后，无论是条播还是撒播，均不宜再进行中耕松土。

2. 肥水管理

香菜不耐旱，应保持土壤湿润，一般每隔 5 ～ 7d 轻浇水一次，全生育期共浇水 5 ～ 7 次。苗期，结合浇水淋施速效肥；生育中期，每亩追施尿素 15kg；生育后期，可叶面喷施 0.3% 尿素水溶液，溶液中可适当添加磷酸二氢钾，以利植株健壮生长。

（五）病害防治

1. 农业防治

香菜病害主要有叶枯病、叶斑病、根腐病和白粉病。优选农业防治措施，如选用抗病品种、加强田间温湿度管理、采收后及时清除田间病残体等。

2. 化学防治

（1）叶枯病和叶斑病。

①发病症状。主要为害叶片，叶片感病后呈黄褐色，湿度大时病部腐烂，发病严重的植株病菌沿叶脉向下侵染嫩茎到心叶，造成严重减产、品质下降。

②防治方法。用多菌灵 500 倍液浸种 10 ～ 15min，将种子洗后播种；加强田间管理，田间湿度较大时注意通风排湿；可选用多菌灵或代森锰锌 600 倍液、70% 甲基硫菌灵 800 倍液、百菌清 500 倍液防治，两种以上药剂混用防效更佳。

（2）根腐病。

①发病症状。根腐病多发于地势低洼、潮湿的地块，发病后，植株主根呈黄褐色或棕褐色、软腐，没有或几乎没有须根，用手一拔植株根系就断，地上部表现为植株矮小、叶片枯黄，香菜失去商品性。

②防治方法。尽量避免在低洼地块种植，防止田间湿度过大；药剂防治以土壤处理为主，可用多菌灵 1kg 拌土 50kg 于播前撒于

播种沟内，易发病地块可结合浇水灌重茬剂 300 倍液。

（3）白粉病。

①发病症状。白粉病主要为害叶片、茎和花轴，一般先在近地面处叶片上发病，病斑初现白色霉点，后霉点扩展为白色粉斑，生于叶片正反两面。

②防治方法。发病后可用 15% 粉锈宁可湿性粉剂 1 500 倍液防治，隔 7d 防治一次，连防 2 ～ 3 次，采收前 7d 停止用药。

（六）采收

香菜在高温时播后 30d、低温时播后 40 ～ 60d 即可采收。采收时可间拔，也可一次性收获，并可根据市场需求进行包装，提高经济效益。

二十二、番茄栽培技术

（一）生物学特征

番茄为茄科一年生或多年生草本植物。植株高 0.6 ～ 2m。全株被黏质腺毛。茎为半直立性或半蔓性，易倒伏，高 0.7 ～ 1.0m 或 1.0 ～ 1.3m 不等。茎的分枝能力强，茎节上易生不定根，茎易倒伏，触地则生根，所以番茄扦插繁殖较易成活。奇数羽状复叶或羽状深裂，互生；叶长 10 ～ 40cm；小叶极不规则，大小不等，常 5 ～ 9 枚，卵形或长圆形，长 5 ～ 7cm，先端渐尖，边缘有不规则锯齿或裂片，基部歪斜，有小柄。花为两性花，黄色，自花授粉，复总状花序。花 3 朵，呈侧生的案伞花序；花萼 5 ～ 7 裂，裂片披针形至线形，果时宿存；花冠黄色，辐射状，5 ～ 7 裂，直径约 2cm；雄蕊 5 ～ 7 根，着生于筒部，花丝短，花药半聚合状，或呈一锥体绕于雌蕊；子房 2 室至多室，柱头头状。果实为浆果，浆果扁球状或近球状，肉质而多汁，橘黄色或鲜红色，光滑。种子扁平、肾形，灰黄色，千粒重 3.0 ～ 3.3g，寿命 3 ～ 4 年。花、果期夏、秋季。根系发达，再生能力强，但大多根群分布在 30 ～ 50cm 的土层中（图 3–16）。

图 3–16　番茄

（二）番茄栽培技术

1. 配制营养土

按一定比例配制营养土，要求营养土的孔隙度约 60%，pH 值 6 ～ 7。含速效磷 100mg/kg 以上，速效钾 100mg/kg 以上，速效氮

150mg/kg，疏松、保肥、保水，营养完全。将配制好的营养土均匀铺于播种床（厚度 10cm），或者育苗盘里。

2. 种子的处理

（1）温汤浸种。用清水浸泡种子 1 ～ 2h，然后捞出把种子放入 55℃温水，维持水温均匀浸泡 15min，之后再继续浸种 3 ～ 4h。温汤浸种时，一般是一份种子，两份水；要不断、迅速地搅拌，使种子均匀受热，以防烫伤种子；三是要不断加热水，保持 55℃水温。可以预防叶霉病、溃疡病、早疫病等病害发生。

（2）磷酸三钠浸种，即先用清水浸种 3 ～ 4h，捞出沥干后，再放入 10% 的磷酸三钠溶液中浸泡 20min，捞出洗净。这种方法对番茄病毒病有比较明显的效果。

3. 催芽及播种

（1）播种量确定。一般番茄种子每克含有 300 粒左右，根据定植密度，一般每亩大田用种量 20 ～ 30g。每平方米播种床可以播种 10 ～ 15g。如果种子发芽率低于 85%，播种量还应该适当增加。

（2）确定播种期。根据种植季节、气候条件、栽培方式、育苗设施等因素综合考虑，以确定适宜的播种期。例如，春季露地栽培，北京地区通常在 2 月中旬至 3 月初播种育苗。秋季露地栽培，长江以南如上海、南京等地在 7 月下旬至 8 月初播种，效果最好；而四川东部在 7 月上旬播种的产量较高。一些番茄病害发生严重的地区，把播种期适当推迟 1 ～ 2 个月，然后通过密植、早摘心、增加肥水等措施，也能获得较高的产量。

（3）催芽播种。进行催芽时，通常未经药剂处理的种子，需先用温水浸泡 6 ～ 8h，使种子充分膨胀，然后放置在 25 ～ 28℃温度条件下芽 2 ～ 3d。而用药剂浸种的种子，只需用清水将种子冲洗干净后即可直接催芽。催芽过程中，需提供适宜的温度、水分和空气，因此要经常检查和翻动种子，使种子处于松散状态。

每天还需要用清水淘洗 1 ～ 2 次，以更新空气和保持湿度。催芽最好采用恒温箱。经过催芽的种子，播种后出苗快而整齐，有利于培育健壮的幼苗。

（4）播种方法。通常有撒播、条播和点播。播种后应立即覆土，覆土要用过筛的细土。覆土的厚度 0.8 ～ 1.0cm，薄厚要一致。播种后每平方米苗床再用 8g 50% 多菌灵可湿性粉剂拌上细土均匀薄撒于床面上，可以防止幼苗猝倒病发生。冬春季育苗床床面上还需覆盖地膜。夏秋季育苗床床面上需覆盖遮阳网或稻草，待有 70% 幼苗顶土时撤除覆盖物。

4. 苗期管理

一般情况，育苗床温度较高，保温条件好，种子又先经过催芽的，播种后 2 ～ 3d 就可以出苗，反之，就需要 5d 或更长一些时间才能出苗。

苗期管理主要是温度和光照的控制。

播种至出苗期间的苗床管理，这一时期是指播种至两片子叶充分展开期。春季露地栽培番茄的育苗期各地均安排在寒冷的季节，必须使床温控制在昼温 25 ～ 28℃、夜温 15 ～ 18℃。采用冷床或温床育苗的，这期间应充分利用太阳能以提高床温，并利用覆盖物以保持较高的床温。出苗前一般不揭膜、开窗放风。幼芽开始顶土出苗时，如果因覆土过薄，发现顶壳现象，应立即再覆土一次。

出苗至分苗前的苗床管理。这一时期主要是调节苗床温湿度，及时间苗、覆土，改善光照条件，白天可控制在 20 ～ 25℃，夜间 10 ～ 15℃，以防徒长。分苗前 4 ～ 5d，为适应分苗床较低的温度，提高移植后的成活率，促进缓苗，此时的床温可再降低 2 ～ 3℃。冷床育苗，尤其是温床和温室育苗，应在白天逐渐加大通风口，延长通风时间，草苫或薄席也要逐渐早揭晚盖，延长光照时间。

5. 生长期管理

抓好生育期管理，包括中耕除草、蓄水保墒、搭架绑蔓，整枝打杈、去掉老叶、通风透光、加强防治病虫害、加强温度管理等措施。

温度管理。白天应适当加大棚室通风量，使棚内温度保持在 25℃左右。夜间温度保持在 10 ～ 13℃。开始放风时，放风口应由小到大，由少到多，午后气温下降后逐渐将风口变小或关闭。

抓好肥水管理。番茄的生长期在夏秋雨季一般不需要浇水，但当 2 ～ 3 穗果成熟时遇旱，也应适当浇水。根据番茄植株生长情况，适时追肥，以促进果实发育，保花保果。一般作底肥可施入金宝贝微生物菌肥，追肥可施入金宝贝壮秧剂和金宝贝增甜灵，有条件的可追施豆饼、棉籽饼等饼肥。

6. 果实采摘

适时采果。番茄成熟有绿熟、变色、成熟、完熟 4 个时期。贮存保鲜可在绿熟期采收。运输出售可在变色期（果实的 1/3 变红）采摘。就地出售或自食应在成熟期即果实 1/3 以上变红时采摘。采收时应轻摘轻放，摘时最好不带果蒂，以防装运中果实相互被刺伤。初霜前，如还有熟不了的青果，应采下后贮藏在温室内，待果实变熟后再上市，这样既延长了供应期，又增加了经济效益。在果实后熟期不宜用激素刺激果实着色，经精选后装箱销售，它的好处在于既降低了生产成本，改善了果品品质，又保障了消费者的食用安全。

（三）番茄的病虫害防治

1. 病害

（1）番茄猝倒病。是番茄幼苗期常见的病害。育苗期间低温、多雨的年份发病严重，发病严重时常造成秧苗成片死亡。

①症状。幼苗出土后受害，靠近地面处，茎部染病。开始是暗绿色水渍状病斑，接着变黄褐色并干瘪缢缩，植株倒伏，但茎叶仍为绿色。湿度大时，病部及地面可见白色棉絮状霉。开始时仅个别植株发病，但蔓延迅速，几天后扩及邻近秧苗，引起成片倒伏。

②药剂防治。

床土处理。常规育苗可用甲霜灵＋多菌灵拌土，还可以兼治其他多种病害。

种子处理。采用温汤浸种或药剂浸种方法，对种子进行消毒处理，浸种后催芽。

药剂选择。苗床发现有番茄苗萎蔫、倒伏后，及时拔除病株，并及时治疗。可选烯酰·锰锌、霜霉威＋代森联、霜脲·锰锌、噁霉灵等药剂。

（2）番茄立枯病。番茄幼苗常见的病害之一，刚出土幼苗及大苗均可发病。

①症状。病苗茎基变褐，后病部缢缩变细，茎叶萎垂枯死。稍

大的幼苗白天萎蔫，夜间恢复，当病斑绕茎一周时，幼苗逐渐枯死，但不倒伏。病部初期着生椭圆形暗褐色斑，有同心轮纹及淡褐色蛛丝状霉。

②药剂防治。

床土消毒。苗床撒施甲霜灵加代森锰锌药土，进行苗床消毒。

药剂选择。百菌清、代森锰锌、枯草芽孢杆菌等。

（3）番茄病毒病。一般春季大棚番茄前期该病较轻，进入5月以后，蕨叶和花叶开始加重。秋延后番茄病毒病比春大棚严重，主要为蕨叶和条斑病毒。

①症状。番茄病毒病主要有3种类型。

花叶型：叶片上出现黄绿相间或深浅相间的斑驳，叶脉透明，叶片略有皱缩，病株略矮，新叶小，结果小，果实表面质劣，多呈花脸状。

蕨叶型：叶片变厥叶、畸形；植株会不同程度矮化。

条斑型：主要表现在果实和茎上。叶片上，表现茶褐色斑点或花叶，背部叶脉紫色。茎上，出现暗绿色到黑褐色下陷的油渍状坏死条斑、病茎质脆易折断。果实上，多形成不同形状的褐色斑块，但变色部分仅处在表层组织，不深入到茎和果肉内部，随着果实发育，病部凹陷而成为畸形僵果。

②药剂防治。

治虫防病。病毒病会通过蚜虫、白粉虱进行传播，要及时防治蚜虫。可选吡虫啉、螺虫乙酯等。

药剂防治。在番茄分苗、定植、绑蔓、打杈前先喷1%肥皂水加0.2%～0.4%的磷酸二氢钾或1∶（20～40）的豆浆或豆奶粉，预防接触传染。可选宁南霉素、盐酸吗啉胍·乙酸铜、琥铜·吗啉胍等。

（4）番茄叶霉病。

①症状。番茄叶霉病主要为害叶片，严重时也为害茎、花和果实。

叶部。叶片发病先从中下部叶片开始，逐渐向上部叶片扩展。初期，叶片正面出现椭圆形或不规则形淡黄色褪绿斑。后期，病部生褐色霉层或坏死；叶背病部初生白色霉层，后变为紫灰色至黑色致密的茸状霉层。发病重时，叶片布满病斑或病斑连片，叶片逐渐卷曲、干枯。

茎部。嫩茎或果柄发病，症状与叶片类似。

花果。引起花器凋萎或幼果脱落。

果实病斑自蒂部向四面扩展，产生近圆形硬化的凹陷斑，上长灰紫色至黑褐色霉层。

②防治方法。

露地栽培。初见病后，及时摘除病叶，喷洒药液全面防治，要注意叶背面的防治。发病初期喷氟硅唑、苯醚甲环唑、甲基硫菌灵、多菌灵、春雷·王铜等。

棚室栽培。晴天，喷雾可选用异菌脲、甲基硫菌灵、百菌清、多菌灵等。阴雨天，可以用粉剂或者释放百菌清烟雾剂等进行烟熏防治，傍晚施放，封密温室一夜进行烟熏。

（5）番茄早疫病。番茄苗期、成株期都可发病，大棚、温室中发病较重。

①症状。主要为害叶片、茎、花、果等部位，以叶片和茎叶分

枝处最易发病。

叶部。叶片出现水渍状暗褐色病斑，扩大后近圆形，有同心轮纹，边缘多具浅绿色或黄色晕环。严重时，多个病斑连合成不规则形大斑，造成叶片枯萎。潮湿时，病斑长出黑霉。发病多以植株下部叶片开始，逐渐向上发展。

茎部。茎部发病，多在分枝处产生褐色至深褐色不规则圆形或椭圆形病斑，表面生灰黑色霉状物。幼苗期，茎基部发病，引起腐烂。

果实。青果发病多在花萼处或脐部，形成黑褐色近圆凹陷病斑。后期从果蒂裂缝处或果柄处发病，在果蒂附近形成圆形或椭圆形暗褐色病斑。病斑凹陷，有同心轮纹，斑面会有黑色霉层，病果容易开裂，提早变红。

②药剂防治。用嘧菌酯、苯醚甲环唑、噁唑·锰锌等，加水均匀喷雾。发病初期，喷多·霉威、氢氧化铜、嘧菌酯、苯醚甲环唑、噁霜·锰锌等。

（6）番茄细菌性斑疹病。播种带菌种子能引起幼苗发病。苗期和成株期均可染病。

①症状。为害叶片、茎、果实和果柄。

叶部。初呈水渍状小点，随后扩大成深褐色不规则斑点，无轮纹，四周具有黄色晕圈。湿度大时，病斑后期可见有菌脓。

果实。幼果染病，初现稍隆起的小斑点。果实近成熟时，围绕斑点的组织仍保持较长时间绿色，不同于其他细菌性斑点病。

茎部。首先形成米粒状大小的水浸状斑点，病斑逐渐增多，随着病斑的扩大，最后形成黑褐色，形状由斑点扩大为椭圆形，最后病斑连片形成不规则形。在潮湿条件下，病斑后期有白色菌脓出现。

花和果实。为害花蕾时，在萼片上形成许多黑点，黑点连片时会使萼片干枯，不能正常开花。幼嫩果实初期的小斑点稍隆起。果实近成熟时，病斑附近果肉稍微凹陷，病斑周围黑色，中间色浅，并有轻微凹陷。

②药剂防治。氢氧化铜、噻菌灵、络氨铜、中生菌素、噻菌铜、琥胶肥酸铜等。

（7）番茄灰霉病。开花期是侵染高峰期。始花至坐果期都可发病。低温、连续阴雨天气多的年份为害严重。

①症状。茎、叶、花、果均可为害，但主要为害果实，通常以青果发病较重。叶片发病多从叶尖部开始，沿支脉间呈”V”形向内扩展。初呈水浸状，展开后为黄褐色，边缘不规则、深浅相间的轮纹，病、健组织分界明显，表面生少量灰白色霉层。茎染病时，开始是水浸状小点，后扩展为长圆形或不规则形，浅褐色，湿度大时病斑表面生有灰色霉层，严重时导致病部以上茎叶枯死。果实染病，残留的柱头或花瓣多先被侵染，后向果实或果柄扩展，致使果皮呈灰白色，并生有厚厚的灰色霉层，呈水腐状。

②药剂防治。重点抓住移栽前、开花期和果实膨大期 3 个关键用药。药剂可选异菌脲、嘧霉胺 + 百菌清、腐霉利 + 百菌清等喷雾防治。

（8）番茄细菌性溃疡病。

①症状。植株的全生育期均可发生。番茄的叶、茎、果均可受害。

幼苗染病：真叶从下向上打蔫，叶柄上产生凹陷坏死斑，横切病茎，可见维管束变褐，髓部出现空洞。

成株期染病：常从植株下部叶片边缘枯萎，逐渐向上卷曲，随后，全叶发病，叶片青褐色，皱缩，干枯，垂悬于茎上而不脱落，似干旱缺水枯死状。

茎部出现褪绿条斑，有时呈现溃疡状。维管束变褐，后期下陷或开裂，湿度大时，有污白色菌脓流出。

果实发病时，果面产生疣状凸起。

②药剂防治。琥胶肥酸铜、氢氧化铜、中生菌素、叶枯唑、噻菌铜、络氨铜、春雷·王铜等。

（9）番茄细菌性髓部坏死病。主要为害番茄茎和分枝，叶、果也可被害。被害株多在青果期表现如下。

①症状。

叶片。早发病植株叶片黄枯，迟发病植株叶片青枯。黑褐色病斑多在茎下部，也可在茎中部或分枝上发生，最后全株枯死。

茎部。发病初期嫩叶褪绿，发病重的植株上部褪绿和萎蔫，茎坏死，病茎表面先出现褐色至黑褐色斑，外部变硬。纵剖病茎可见髓部变成黑色或出现坏死，髓部发生病变的地方长出很多不定根。

果实。多从果柄开始变褐，最后整个果实变褐腐。湿度大时，从病茎伤口或叶柄脱落处溢出黄褐色菌脓。

②药剂防治。氢氧化铜、络氨铜水剂、琥胶肥酸铜、噻菌铜、春雷·王铜等。

（10）番茄灰叶斑病。番茄灰叶斑病流行时，植株上、下部叶片同时发病。

①症状。

叶片发病。叶片上，初生灰褐色近圆形小病斑，病斑沿叶脉逐渐扩展呈不规则形，后期干枯易穿孔，叶片逐渐枯死。

花发病。主要在花萼和花柄上，出现灰褐色病斑。在花未开之前发病，引起落花，不能坐果。挂果后，花萼发病不引起落果，但造成果蒂干枯。

②防治方法。病害发生前或初发生，用噻菌铜、氢氧化铜等喷洒植株。病害发生时，可用苯醚甲环唑、异菌脲、春雷·氢氧化铜等药剂防治。

（11）番茄斑枯病。整个生长期都可会发病，结果初期发病集中。

①症状。先从下部老叶开始发病，然后由下向上发展。叶片发病初期，叶背面出现水渍状小圆斑。之后，叶两面出现圆形或近圆形的病斑，边缘深褐色，中部灰白色，稍凹陷，上生有许多小黑粒点。严重时，形成大的枯斑，有时病部组织坏死穿孔，甚至中下部叶片干枯或脱落。叶柄和茎上病斑呈椭圆形，褐色，上长有黑色小粒点。

②防治方法。发病前，可选喷百菌清、代森锰锌等。发病初期，可选杀毒矾、甲霜灵·锰锌、百菌清、多·硫、精甲霜·锰锌、多菌灵、络氨铜等。发病高峰期，可用代森锰锌、杀毒矾、甲霜灵·锰锌等。

（12）番茄青枯病。番茄成株期发病较重。

①症状。发病初期，病株白天萎蔫，晚上恢复，病叶的症状明显变化。先是顶端叶片萎蔫下垂，后下部叶片凋萎，中部叶片最后

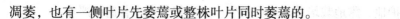

凋萎，也有一侧叶片先萎蔫或整株叶片同时萎蔫的。

发病后，土壤干燥，气温偏高，2～3d全株即凋萎。如气温较低，连阴雨或土壤含水量较高时，病株可持续一周后枯死，但叶片仍保持绿色或稍淡，故称青枯病。病茎维管束变为褐色，横切病茎，用手挤压，切面上维管束溢出白色菌液，这是本病与枯萎病和黄萎病相区别的重要特征。

②防治。此病目前尚无特效办法，只能以预防为主。发现番茄青枯病的植株时，及时拔除并烧毁，并在其拔除病株处撒施生石灰粉或草木灰等，可以有效防止番茄青枯病病害的蔓延。

发病初期可喷，中生菌素、氯溴异氰尿酸、络氨铜、噻菌铜、枯草芽孢杆菌等药剂。

（13）番茄菌核病。番茄菌核病主要为害保护地番茄，冬春低温、多雨年份发生严重。

①症状。叶、茎、果实均可为害。

叶片染病，多始于叶片边缘。初呈水浸状，淡绿色，高湿时长出少量白霉，病斑呈灰褐色，蔓延速度快，致叶枯死。

茎染病，多由叶柄基部侵入。病斑灰白色稍凹陷，后期表皮纵裂，皮层腐烂，边缘水渍状。除在茎表面形成菌核外，剥开茎部，可发现大量菌核，严重时植株枯死。

果实染病，常始于果柄，并向果实表面蔓延，导致青果似水烫状。

②药剂防治。苗床处理，可用腐霉利或乙霉威拌土。可用异菌脲、甲硫.霉威、腐霉利、噻菌灵等防治。

（14）番茄枯萎病。番茄枯萎病是番茄上的常见病害之一，保护地、露地栽培番茄均可发生。多雨年份发生普遍而严重。

①症状。发病初期下部叶片发黄，继而变褐色、干枯，但枯叶不脱落。有时这种为害症状仅表现在茎的一侧，该侧叶片发黄，变褐后枯死，而另一侧茎上的叶片仍正常。有的半个叶序变黄，或在一片叶上，半边发黄，另半边正常。也有的从植株距地面近的叶序始发，逐渐向上蔓延，除顶端数片完好外，其余均枯死。剖开病茎，维管束变褐。湿度大时，病部产生粉红色霉层。本病也是一种维管束系统性病害，但病程进展较慢，一般15～30d才枯死，且用手挤压病茎横切面或在清水中浸泡，无乳白色黏液流出，有别于细菌性青枯病。

②防治。

苗床消毒，用多菌灵或甲基硫菌灵，拌药土，然后播种。

药剂防治，甲霜·噁霉灵等药剂。

（15）番茄黑斑病。露地栽培、保护地栽培都可为害，但保护地重于露地。年度间结果期多雨、高湿的年份发病重。

①症状。主要为害果实、叶片和茎。果实染病，病斑灰褐色或褐色，圆形至不规则形，病部稍凹陷，有明显的边缘，果实有一个或几个病斑，大小不等，病斑可连合成大斑块，斑面生黑色霉状物。发病后期，病果软腐。

②药剂防治。从青果期开始喷药保护，每隔7～10d喷药一次，连用2～3次。药剂可选用异菌脲、苯醚甲环唑、百菌清、氢氧化铜等喷雾防治。

（16）番茄灰斑病。

①症状。主要为害叶片、果实。

叶片发病初期，叶片出现褐色小斑点，后扩展为椭圆形或近圆形大斑，病斑上长出小黑点，呈轮纹状分布，边缘稍暗，易破碎或脱落。

茎部多从中上部枝杈处开始发生，发病初为暗绿色水渍状小斑点，后变为黄褐色至灰褐色不规则形斑。易折断或半边枯死。

果实发病，蒂部出现水渍状黄褐色陷斑，并轮生黑褐色小点，发病后果实易腐烂。

②防治。在发病初期，喷百菌清、氢氧化铜、多菌灵、甲基硫菌灵、异菌脲、代森锰锌、噻菌灵等药剂。棚室栽培，在发病初期喷撒春雷·王铜喷粉防治。

（17）番茄晚疫病。

①症状。叶、茎、果均可受害，但以叶片和青果受害严重。

叶部。叶片多从植株下部叶尖或叶缘开始发病，以后逐渐向上部叶片和果实蔓延。初为暗绿色水浸状不规则病斑，病健交界处无明显界限，扩大后转为褐色潮湿时，病斑迅速扩展，叶背病斑边缘可见一层白色霉状物。空气干燥时病斑呈绿褐色，后变暗褐色并逐渐干枯。

茎部。茎部受害，病斑由水渍状变暗褐色至黑褐色，稍向下凹陷、病茎组织变软，植株萎蔫，严重时，病部会折断造成茎叶枯死。

果实。果实受害，多从未着色前的青果近果柄处的果面开始，病斑呈不明显的油浸状大斑，逐渐向四周发展。后期，逐渐变为深褐色，病斑稍凹陷，病果质硬质不软腐，边缘不变红。潮湿时，病斑表面产生一层白色霉状物。

②防治方法。播种前，进行种子消毒，用多菌灵药剂处理。发病初期，喷氟吗·锰锌、氰霜唑、霜霉威、霜脲氰·代森锰锌、烯酰·锰锌、杀毒矾、乙膦·锰锌、甲霜铜、精甲霜·锰锌、吡唑醚菌酯等。

2. 虫害

番茄常遇到的主要虫害有白粉虱、蚜虫、棉铃虫、烟青虫。

（1）白粉虱。

①症状。成虫和若虫群聚于叶片背面刺吸植物汁液，致使被害叶片褪绿、变黄、萎蔫，严重时全株枯死。成虫和若虫均能分泌大量蜜露，严重污染叶片和果实，往往引起煤污病的大发生，为害严重时，蔬菜失去食用价值。

②防治方法。

物理防治，利用害虫的趋光性采用黄板诱杀或在通风口设置防虫网等措施。

化学药剂，可选用扑虱灵加联苯菊酯混合喷雾，或吡虫啉等药剂喷施。

（2）蚜虫。

①症状。番茄蚜虫也称腻虫、蜜虫。主要为害温室、大棚及露地番茄等。成蚜和若蚜群集在叶背、嫩茎和嫩尖吸食汁液，分泌蜜露，可以诱发煤污病，加重为害，使叶卷缩、秧苗生长停滞，叶片干枯以致死亡，可传播多种病毒。

②防治方法。综合防治，清除田园及附近杂草，减少虫源。有条件时可以采用银灰膜条和涂机油黄板驱避和诱杀蚜虫。药剂防治，溴氰虫酰胺、高氯·啶虫脒、氯虫·高氯氟等药剂。

（3）棉铃虫。

①症状。幼虫主要蛀食蕾、花、果，也为害嫩茎、叶和芽。果受害比较严重。幼果常被吃空或引起腐烂而脱落，成果虽然只被蛀食部分果肉，但因蛀孔在蒂部，便于雨水、病菌流入引起腐烂，果实大量被蛀会导致果实腐烂脱落，造成减产。

②防治方法。农业防治，冬前翻耕土地，浇水淹地，减少越冬虫源。根据虫情测报，在棉铃虫产卵盛期，结合整枝，摘除虫卵烧毁。3 龄后幼虫蛀入果内，喷药无效，此时可用泥封堵蛀孔。生物防治，成虫产卵高峰后 3 ～ 4d，喷洒苏云金杆菌或核型多角体病毒，使幼虫感病而死亡，连续喷 2 次，防效最佳。药剂防治，抓好用药时期，在卵孵化盛期至 2 龄盛期，即幼虫未蛀入果内之前施药。喷洒茚虫威、氟虫脲、高效氯氰菊酯、氯氟氰菊酯等药剂。

（4）烟青虫。

①症状。以幼虫集中为害嫩叶、果实，造成孔洞。以幼虫蛀食蕾、花、果，也为害嫩茎、叶、芽。为害果实时，整个幼虫钻入果内，啃食果皮、胎座，并在果内缀丝，排留大量粪便，使果实不能食用。

②药剂防治。主要是在幼虫发生期。常用药剂有溴氰菊酯、吡虫啉、多杀菌素、甲氨基阿维菌素等。

二十三、小白菜栽培技术

小白菜又名不结球白菜、青菜，是十字花科大白菜的变种，原产于我国，南北各地都有分布，在我国栽培十分广泛，一年四季供应，春夏两季最多（图 3–17）。以下着重介绍夏季栽培技术。

图 3–17　小白菜

（一）品种选择

宜选用抗热、抗风雨、抗病、生长迅速的品种作夏季栽培。如高脚白、早熟 5 号、夏绿 2 号、抗热 605、东洋青 1 号、上海青等品种，这些品种都具有耐高温、抗虫害的特点，在夏季精心管理是比较容易栽培成功的。

（二）整地施肥

播种菜地宜选择靠塘边、河边，通风阴凉的地方，土壤属团粒结构，保水保肥力强。每亩施用充分腐熟的有机肥 1 500 ～ 2 000kg、饼肥 60 ～ 70kg。整地作畦时，实行“五改”措施（浅耕改深耕、宽畦改狭畦、长畦改短畦、平畦改弧畦、浅沟改深沟），以提高菜田抗御洪涝旱渍等自然灾害的能力。每亩播种 1.5 ～ 2kg。为使播种均匀，可将种子拌入沙里，分 2 次撒播。

（三）播种

播前浇足底水，多采用条形直播或散播。每亩播种量为 500 ～

1 000g。播后覆盖一层薄稻草或遮阳网。一般出苗前不再浇水，如天气干旱，早晚对稻草或遮阳网等覆盖物进行喷水保湿。

（四）田间管理

1. 间苗除草

播后 2 ～ 3d 出苗，出苗后及时揭去覆盖物，当长出 1 片真叶时进行第一次间苗，宜早不宜迟，间去过密的小苗。当长出 4 片真叶时进行第二次间苗，间去弱苗、病苗。同时可结合市场行情，开始间苗上市。在间苗的同时，拔除杂草。

2. 肥水管理

齐苗后每天浇水 1 ～ 2 次，应小水勤浇，浇跑马水，避免大水漫灌和在晴天中午浇水，也可采用微灌设施喷灌浇水施肥。一般在 3 叶 1 心时第一次追肥，具体依据土壤肥力状况和菜苗生长势情况酌情确定追肥时间、次数和施肥量，一般每亩施用尿素 5 ～ 10kg，均匀撒施于畦面。

3. 灾害天气管理

小白菜根系分布浅，不耐旱，早晚应及时浇水。在多雨季节，应注意及时清沟排水，防止积水，以免造成小白菜沤根死亡。

（五）病虫害防治

夏季气温高，病虫害发生严重，特别是虫害重于病害，为了确保高温季节小白菜安全，要按照“预防为主，综合防治”的植保方针，坚持“以农业防治、物理防治、生物防治为主，化学防治为辅”的无害化控制原则。化学防治时应使用高效、低毒、低残留农药，确保食用安全。

1. 农业防治

合理施肥，分期增施磷肥、钾肥；合理灌水，及时中耕，促进植株根系生长，增强抗病性；及时清理田间杂草、病叶、老叶，并进行集中处理以降低病虫源数量；播种前进行种子消毒。

2. 物理防治

夏季虫害较多，利用黄板诱杀蚜虫或银灰色地膜避蚜，采用性诱剂减少害虫交配繁殖；采用黑光灯或频振式杀虫灯诱杀害虫。

3. 生物防治

菜青虫可用苏云金杆菌（Bt）、白僵菌防治，软腐病可用农用链霉素防治。

4. 化学防治

注意交替轮换使用药剂，以提高药效和延缓害虫产生抗药性。应在傍晚或早晨用药，确保防治效果。

虫害主要有蚜虫、菜青虫、小菜蛾、粉虱等。采收前 7 ～ 10d，可用杀灭菊酯 300 ～ 400 倍液或 10% 氯氰菊酯 500 倍液或 50% 抗蚜威 2 000 ～ 3 000 倍液喷雾防治。

病害主要有霜霉病、软腐病、炭疽病、黑斑病、病毒病。霜霉病可用百菌清、杀毒矾、安克猛锌或甲霜灵等喷雾防治，交替轮换使用，每 7 ～ 10d 喷一次，连续防治 2 ～ 3 次；软腐病可用农用硫酸链霉素或农用链霉素进行喷雾防治；炭疽病、黑斑病可用安克猛锌或炭疽福美等喷雾防治；病毒病可用病毒 A 或 1.5% 植病灵喷雾防治。

（六）适时采收

夏季栽培的小白菜，生长周期为35d左右，在播种出苗后25～30d长到5～10片叶时，抗热性、抗病性将有所降低，容易感染病虫害，植株的增长量也会大幅降低，因此及时收获是保证收益的有效方法。采收应根据当地情况，最好选择在凉爽的清晨或傍晚进行，收获后要及时遮盖，防止水分缺失、萎蔫，影响品质。

二十四、甜玉米栽培技术

（一）生长习性

甜玉米，又称蔬菜玉米，禾本科，玉米属，玉米的甜质型亚种。甜玉米是欧美、韩国和日本等发达国家的主要蔬菜之一。因其具有丰富的营养、甜、鲜、脆、嫩的特色而深受各阶层消费者青睐。生产中的甜玉米可以分为普通玉米、超甜玉米和加强型甜玉米三类，超甜玉米由于含糖量高、适宜采收期长而得到广泛种植（图3–18）。

图3–18 甜玉米

（二）栽培技术

1. 品种选择

选用适应性强、抗病、优质、高产且商品价值高的品种。

2. 隔离种植

为保证甜玉米的食用品质，在选地种植时，要与其他普通玉米品种严格隔离，以避免因相互串粉而降低品质。隔离方法生产上采用空间隔离和时间隔离。以空间隔离为好。

（1）空间隔离。要求在种植区外围 300 ～ 400m 范围内不栽种其他玉米品种；如有林木、山岗等天然屏障，可适当缩短隔离间距。

（2）时间隔离。若不能进行空间隔离，则应采取时间隔离（错开播种期）的方法来避免与其他品种的花期相遇，2 个不同品种的播种期间隔时间一般为 20 ～ 25d。如大面积成片种植甜玉米，可适当降低隔离标准。总之，以不使两类玉米花粉相遇为原则。

3. 精细整地

由于甜玉米（特别是超甜玉米）种子一般籽粒较瘪、粒小，发芽、拱土，出苗比普通玉米种子困难，所以要精细育苗，在种植时要精细整地，选择土质疏松、土壤肥沃、排灌方便的地块。前茬作物收获后及时耕翻 20 ～ 30cm，结合耕翻施足基肥，一般每亩施有机肥 1 000 ～ 1 500kg、过磷酸钙 30 ～ 40kg、硫酸钾 20kg，硫酸锌 1 ～ 1.50kg 或玉米专用肥 20kg 作基肥。

4. 分期播种

种植甜玉米主要是在市场上出售鲜嫩果穗或供应工厂加工罐

头食品，这与种植普通玉米完全不同，同时，甜玉米采收后不能久放。因此，种植甜玉米要根据市场的需要量和工厂的加工能力、订单进行分期播种，并且早、中、晚熟品种搭配，以提高经济效益。

5. 精细播种

每穴 3 ～ 4 粒，下种后应及时覆土并精细平整畦面，播种深度比普通玉米略浅，一般覆土 4cm 左右即可确保全苗。

6. 合理密植

甜玉米是一种商品，因此，要注意果穗的产品特性，不能单纯考虑单产。果穗是分级收购的，尤其用于出口或加工用的，要尽可能提高 1、2 级产品率，要依据商品要求、经济效益的大小来确定适宜的种植密度，尽可能在单位面积上有更高的经济收入。在一般中等肥力土壤。以 4 000 株 / 亩为宜，早熟品种可密些，晚熟品种可稀些。

7. 田间管理

（1）间苗、定苗。出苗后，应及时查苗补苗。当幼苗 3 ～ 4 片叶时间苗，待 4 ～ 5 片叶时定苗。间定苗的原则是除大、除小、留中间，保证全田幼苗均匀一致。

（2）分期追肥、及时中耕。在施足基肥的基础上，及早追肥，早施、重施攻穗肥，确保甜玉米植株生长发育，这是种植鲜食玉米成败的关键，也是与普通玉米种植方式的主要区别。一般每亩追施尿素 30kg，分别在拔节期、大喇叭口期各追施 15kg。每次追肥尽量深施，每次施肥应结合松土、培土、清沟，进行中耕除草。

（3）抗旱浇水。在苗期和抽穗开花后，如遇天气干旱要及时浇水，雌穗吐花丝后至收获期，是灌水的关键时期，当土地表面干燥时应及时灌水，防止果穗顶端缺粒。

（4）辅助授粉。一般气候条件下，玉米都可以自然授粉结实，但在特殊气候条件，如连续阴雨或高温，或植株长势弱的情况下，需人工辅助授粉。人工授粉时间一般在 10 时前，授粉方法较简单，只要将花粉轻轻放在花丝上即可。

（5）病虫草害综合防治。

①杂草防治。通常可结合 3 ～ 4 叶期施苗肥，浅中耕除草；拔节期结合施穗肥，深中耕除草。也可在种前喷洒乙草胺灭草剂除草。

②病虫害防治。防治大小斑病用400%克瘟散乳剂 500 ～ 1 000 倍液或 50%甲基硫菌灵悬乳剂 500 ～ 800 倍液叶面喷洒；防治黏虫用 20%速灭杀丁乳油 2 000 ～ 3 000 倍液喷雾；防治玉米螟，在大喇叭口期用 50%硫磷拌毒砂在田间撒扬；防治红蜘蛛用 73%克螨特乳油 1 000 倍液喷雾。在玉米拔节—抽雄期防治茎腐病，选用甲霜铜或 DT 按规定量喷雾。喷药时间宜选择晴天上午露水干后或 14—18 时喷雾，禁止使用高毒、高残留农药或“三致”作用的药剂。

（6）及时去雄。去雄可使植株体内有限的水分、养分集中用于果穗发育。去雄后采收的笋穗色亮、鲜嫩、穗行整齐。适时去雄是技术成功的关键，去雄过早，容易带出顶叶；去雄过晚，营养消耗过多，去雄失去意义。一般采收玉米笋去雄应在雄穗超出顶端未散布花粉时最佳；采收甜玉米嫩穗去雄在雄穗散粉后 2 ～ 3d 最佳。去雄时间以 8—9 时和 16—17 时为宜，有利于伤口愈合。在适期范围内，一般每隔 1 ～ 2d 去雄一次，分 2 ～ 3 次去完。

（7）除穗。为了生产出高品质、高合格率的果穗，必须除去多余的小穗，即只保留最大穗。甜玉米叶面积较小，为了保证足够的营养面积，分蘖可以保留不去除。

8. 适时收获

一般在籽粒含水量为 66%～71%（乳熟期）采收为宜，生产实践中，甜玉米的收获期对其商品品质和营养品质影响极大，过早收获，籽粒内含物较少，口感不太好；收获过晚，果皮变硬，失去甜玉米特有的风味。一般来说，适宜的收获期以吐丝后 17～23d 为宜；若以加工罐头为目的的可早收 1～2d；以出售鲜穗为主的可晚收 1～2d，采收期 6d 左右。

二十五、糯玉米栽培技术

糯玉米俗称黏玉米，是一种营养丰富、具有良好口感的作物，可鲜食、可加工成特色食品、可制酒、可作饲料。糯玉米中含有丰富的蛋白质、赖氨酸和胡萝卜素以及硒元素，具有防止心脑血管老化的保健作用。随着人们生活水平不断提高，糯玉米在市场上越来越受欢迎。糯玉米的栽培与普通玉米一样，栽培技术相对简单，生产周期短，投资少，见效快，栽培糯玉米能满足市场多元化需求，促进农民收入增加，具有广阔的发展空间（图 3–19）。

图 3–19　糯玉米

（一）选地整地

1. 选地

选择 400m 内无其他玉米品种种植或在 400m 内与其他玉米品种播种期间隔 30d 以上、土壤肥沃、地势平坦、地力均匀、排灌方便的田块。

2. 整地

在前作收获后及时深耕，去除田间和地埂上的杂草。针对杂草过多的土地，播种前 15d 喷施草甘膦除草剂，有利于减少草害的基数，根据使用说明进行喷施，不能过于提前，否则容易产生农药残留药害。如播种窗口期临近 7d 以内，需打一遍草铵膦；如果没有打药时间，至少旋耕 2 遍且播种后打一遍封闭药进行杂草初步防治。精细整地，做到平整土碎上虚下实，沟直墒平，地内无残根、残膜。

（二）品种选择

选用通过国家或省级审定的、适合当地生态和生产条件的糯玉米品种。若选择品种不耐寒，不适宜作早春糯玉米种植，则会出现雌雄不协调、雄花发育不良、空秆甚至绝收的现象。

（三）播种

1. 种子质量

大面积播种时一般采用机械精量播种，每穴留种量少，为防止缺苗断垄，必须在播种前精选种子。要求种子纯度 ≥ 96.0%、净度 ≥ 99.0%，有条件地推荐进行种子发芽率测试，发芽率 ≥ 85% 为宜。

2. 播种量

用种 1 ～ 1.5kg/ 亩。推荐使用包衣种子。

3. 播期

根据气温、土壤墒情、品种特性、栽培方式、管理水平等确定最佳播期，在土壤表层 5 ～ 10cm 地温稳定达到 10°C 以上时开始播种。

4. 播种密度

鲜食玉米种植密度较普通的籽粒玉米稀，本地种密度为 3 000 ～ 3 500 株 / 亩。肥水条件较好的高产田可适当增加密度。

5. 播种方式

采用地膜覆盖等行距单垄双行播种，播种 2 ～ 3 粒 / 穴，留单株。行距 75cm，株距 44 ～ 49cm；行距 100cm，株距 33 ～ 37cm。

（四）施肥

1. 基肥

施肥以有机肥为主，无机肥为辅。重施基肥，氮磷钾合理配比，补施锌肥，适时追肥。基肥以有机肥为主，辅以一定量的化肥。用腐熟农家肥 1 500 ～ 2 000kg/ 亩、专用复合肥（N∶P∶K=20∶8∶8）40 ～ 50kg/ 亩、锌肥 2kg/ 亩作基肥，在春季播种前耕地时一次性施入。确保种肥隔离，以防烧苗。

2. 追肥

苗肥：5 ～ 6 叶时结合中耕施入尿素 10 ～ 15kg/ 亩。如发现有脱肥现象要追偏肥，保证苗齐苗壮。穗肥：9 ～ 10 叶时开沟追施尿素 20 ～ 25kg/ 亩、硫酸钾 15kg/ 亩。

（五）田间管理

1. 放苗

地膜覆盖糯玉米出苗时，玉米苗出土见绿后要及时破膜引苗，并将玉米基部孔口封严。

2. 间苗及定苗

当糯玉米叶片达到 3 ～ 4 叶时应及时间苗，5 ～ 6 叶时做好查缺定苗，按密度留足基本苗，做到苗齐、全、壮、匀。

3. 中耕除草

全生育期进行 2 ～ 3 次中耕除草：第一次 5 ～ 6 叶期，宜浅，结合提苗肥进行一次浅耕除草，以松土为主。第二次拔节前，可深至 10cm，做到行间深、苗旁浅，埋沟培土，防涝防倒伏。

4. 去蘖

糯玉米分蘖力强，发现分蘖及时去除，注意防止松动主茎根系。发现有多穗现象时，及时摘除小穗，保留壮穗，保证品质。

5. 水分管理

播种后，及时灌溉出苗水，保证一次性成苗、齐苗，否则会造成出苗不齐或大小苗的现象。出苗后，应依据苗情及结合当地降雨和土壤墒情适时灌溉，玉米苗期耐旱怕涝，因此雨季土壤湿度过大需及时排涝。而灌浆期对水分需求较大，要注意及时浇水，以免影响结实。

6. 苗后除草剂使用要求

玉米达到 4 叶 1 心可见叶时要防止杂草生长，如田间杂草很少可以暂时不用打除草剂，使用苞威、硝磺草酮或莠去津均可。根据使用说明进行喷施，选购农药时要去正规的销售部门购买。

（六）病虫害防治

1. 农业综合防治

贯彻“预防为主、综合防治”的原则，关注病虫害监测预警信息，提前做好防治药剂储备。优先选用生物菌剂，尽量少用或不用农药，收获前 20d 禁止施用农药。选用抗病品种，合理轮作，深耕晒垡，清除地头、垄沟及田间的杂草和病残体，减少幼虫早期食料来源及成虫的产卵场所，降低越冬虫量和虫口基数。保护天敌，应用杀虫灯、性诱捕器、色板等物理措施诱杀害虫。适时早播、使用充分腐熟的农家肥，加强田间管理，做好中耕除草、培土和理沟。

2. 病害防治

主要病害有大小斑病、灰斑病、弯孢霉叶斑病等。

大小斑病防治：在大喇叭口期，用肟菌·戊唑醇 15～45g/ 亩，或 50% 退菌特可湿性粉剂 800 倍液、70% 甲基硫菌灵可湿性粉剂 500 倍液喷雾防治。

灰斑病防治：玉米灰斑病是一个空气传播的病害。选择 70% 甲基硫菌灵 80～100g/ 亩、10% 苯醚甲环唑 30g/ 亩兑水喷雾。5～7d 防治一次，连续用药 2～3 次。

弯孢霉叶斑病防治：在大喇叭口期，用 50% 多菌灵可湿性粉剂、70% 代森锰锌可湿性粉剂 1 000 倍液、50% 退菌特可湿性粉剂 1 000 倍液喷雾防治。

3. 虫害防治

（1）物理防治。主要虫害有蛴螬、蝼蛄、地老虎、金针虫、草地贪夜蛾、玉米螟、黏虫等。针对草地贪夜蛾、玉米螟、黏虫，在4—10月，安放草地贪夜蛾诱捕器1个/亩诱杀雄蛾。在5—8月，安放玉米螟诱捕器1个/亩诱杀雄蛾，在5—9月，安放黏虫诱捕器1个/亩诱杀雄蛾。

（2）化学防治。

蛴螬、蝼蛄、地老虎、金针虫等地下害虫防治：播种前，使用40%辛硫磷乳油，按玉米种子量的0.25%进行拌种处理。播种时，用3%的辛硫磷颗粒剂2～3kg/亩拌成毒土撒到植株旁进行防治。出苗后，被害株率≥10%时，选用甘蓝夜蛾核型多角体病毒800～1 200g/亩，溴酰·噻虫嗪150～300mL/亩兑水喷雾防治。

草地贪夜蛾防治：抓住3龄以下幼虫期，用苏云金杆菌300～400mL/亩、5%甲氨基阿维菌素苯甲酸盐微乳剂16～20mL/亩、100亿/mL孢子金龟子绿僵菌油悬浮剂100～150mL/亩、甲氨基阿维菌素苯甲酸盐20～30mL/亩兑水喷雾防治。

玉米螟防治：抓住3龄以下幼虫期，用苏云金杆菌300～400mL/亩、球孢白僵菌600～800mL/亩、氯虫苯甲酰胺3～20mL/亩、溴氰菊酯20～30mL/亩、乙酰甲胺磷180～240mL/亩兑水喷雾防治。

黏虫防治：抓住3龄以下幼虫期，用球孢白僵菌600～800mL/亩、高效氯氟氰菊酯8～10mL/亩、氯虫苯甲酰胺10～15mL/亩、乙酰甲胺磷180～240mL/亩兑水喷雾防治。

（七）采收

在花丝枯萎变褐色、用手握时较紧、顶端穗粒饱满、手掐有浓浆时即可采收鲜嫩果穗。新采摘的玉米由于籽粒中蔗糖含量高而比较甜，随着时间推移，籽粒中蔗糖逐渐转化成淀粉，甜味减弱。采收后，应当天销售或运至加工企业，摘后立即冷冻可保持籽粒的甜味，确保产品质量。

二十六、紫根韭菜栽培技术

（一）特征特性

该品种株高 50cm 以上，株丛直立。植株生长迅速，长势强壮。叶鞘粗而长，叶片绿色，长而宽厚，叶宽 1cm 左右，最大单株重可达 40g 以上。分蘖力强，抗病，耐热，粗纤维少，营养价值高，商品性好，易销售。抗寒力较强，产量高，效益好，适应性广泛，在我国各地均可播种（图 3–20）。

图 3–20　紫根韭菜

（二）韭菜的生长环境

1. 气候条件

韭菜喜温凉爽干燥的气候环境，以春季或秋季为生长旺季，适宜生长温度为15～25℃。当气温高于25℃时，韭菜会停止生长，甚至会增加病虫害的发生。

2. 土壤状况

韭菜生长的土壤要求通气性好、排水性好、肥沃，适合韭菜生长的土壤为微酸性沙质壤土或黄棕色壤土，在种植前应进行深耕、施肥、控水等工作。土壤深度应达到25～30cm，便于韭菜根系的生长，不同于其他葱类植物，韭菜是属于植株生长节制型的植物，故肥料和农药的使用要及时准确。

（三）韭菜种植管理

1. 育苗技术

韭菜育苗可采用土法苗和水培苗两种方式进行，通常采用播种方式进行。在播种前，应先备好种子，然后将种子按比例与河沙、腐叶土、蛋壳粉配比搅拌均匀，在育苗盆内播种覆盖土层5mm左右，浇水洒药。

2. 田间管理

在田间管理中，应注意以下几个方面。

（1）控水和排水。韭菜对水分的要求较高，但过度浇灌容易造成土壤盐渍化和韭菜的积水损伤。在生长初期可以适量浇水，促进种子萌芽和幼苗生长，但要注意观察土壤湿度，避免过度灌溉，防止病害的发生；同时要进行排水，如果发现土壤过于潮湿，要及时排掉积水。

（2）除草。韭菜生长旺盛，但同时容易受到杂草为害，因此要勤于除草，注意时机，防止杂草竞争营养，影响韭菜的生长发育和品质。

（3）施肥。韭菜生长需要大量的养分，应在栽培开始前，放假、拧角等时期给予肥料，以此来提高地力、促进种植；同时要注意分批施肥、改进施肥方式和加强肥料管理，使肥料得到充分利用，减少浪费和污染。

（4）防治病虫害。韭菜栽培易受到多种病虫害的侵袭，应定期检查、及时喷洒农药，保证韭菜健康，避免病虫害为害。

（四）韭菜采收管理

韭菜的采收时间为生长 45 ～ 50d。当韭菜叶子呈现出明显的绿色或鲜绿色并且叶子尚未展开时，就可采收，每次采收后不要过度损伤根系。采收后要及时清理残留部位，翻耕土壤，保持韭菜生长环境的整洁和清爽。

二十七、荷兰小黄瓜栽培技术

（一）特征特性

荷兰小黄瓜多为雌性系，主要作温室栽培用，与大多数露地栽培品种不同的是，它们可以不经授粉受精就完成果实的发育，但并不形成发育完全的种子。雌性系的优点是果实成熟度一致，早期产量高。此类型瓜的特点为：瓜码密，有 1 节 1 瓜的、1 节 2 瓜的和 1 节多瓜的。而且，如果管理水平得当，丰产潜力很大，单茬亩产量可在 10 000kg 以上。一年可种 2 ～ 3 茬（图 3–21）。

该类型瓜长度 14 ～ 18cm，直径约 3cm，重 100g 左右，表皮柔嫩、光滑、色泽均匀、口感脆嫩、瓜味浓郁，经济效益颇高。

图 3-21　荷兰小黄瓜

（二）栽培技术

1. 育苗

小黄瓜种子价格较贵，育苗时采用精量播种，可使用穴盘或营养钵等。荷兰小黄瓜对温度要求很高，发芽适温为 24 ～ 26℃，温度高，发芽快，但胚芽细长；温度低，出芽慢，甚而烂种。一般 4d 出苗。出苗后，白天保持 23 ～ 25℃，夜间 16 ～ 18℃。黄瓜苗的根系喜湿怕涝，喜温怕冷，有氧呼吸旺盛。因此，一定要选用通气良好、保温、保肥、渗水、保水能力强的基质，如草炭、蛭石、珍珠岩、可可泥炭等。

2. 定植

（1）整地、作畦、施基肥。小黄瓜具有丰产性的特点，它有较大的叶片，同化面积大，结瓜期早，可连续结瓜，但这些特点与根系吸收能力较弱相矛盾，因此在定植前要精细整地，大量施用有机肥，一般亩施腐熟禽畜粪肥 5 000kg 以上，再补施些复合肥。做成小高畦，畦宽 1 ～ 1.2m。

（2）定植。定植标准为 2 ～ 4 片真叶，苗龄 25d 左右。定植密度为 2 500 株 / 亩。定植后立即浇稳苗水，使幼苗土地与畦土密切结合，利于根系向周围发展。

3. 田间管理

（1）肥水。定植后 3 ～ 4d 浇一次较小的缓苗水，促进缓苗。缓苗水后再浇水要每水带肥，冲施尿素 10kg 左右，每 5 ～ 7d 浇一次。结瓜期要每周叶面喷施一次 0.2%～ 0.3%磷酸二氢钾。空气湿度保持在 80%左右。

（2）温度。定植一周内保持白天 25 ～ 30℃、夜间 18 ～ 20℃，不超过 35℃不放风。缓苗后要降低温度，白天 22 ～ 25℃，夜间 16 ～ 18℃。

（3）光照。荷兰小黄瓜耐弱光性较强，冬季弱光情况下，能获得较高产量；夏季高温、强光，易产生障碍，一定要加盖遮阳网。

（4）二氧化碳施肥。若有可能，可适当补充二氧化碳，使室内二氧化碳浓度达到 750mg/kg，黄瓜产量将增加 20%。

二十八、豇豆栽培技术

（一）生物学特性

1. 形态特征

豇豆属豆科一年生植物。茎有矮性、半蔓性和蔓性 3 种。南方栽培以蔓性为主，矮性次之。叶为三出复叶，自叶腋抽生 20 ～ 25cm 长的花梗，先端着生 2 ～ 4 对花，淡紫色或黄色，一般只结两荚，荚果细长，因品种而异，长 30 ～ 70cm，色泽有深绿、淡绿、红紫或赤斑等。每荚含种子 16 ～ 22 粒，肾脏形，有红、黑、红褐、红白和黑白双色籽等，根系发达，根上生有粉红色根瘤（图 3–22）。

图 3–22　豇豆

2. 生长习性

豇豆要求高温，耐热性强，生长适温为 20 ～ 25℃，在夏季 35℃以上高温仍能正常结荚，也不落花，但不耐霜冻，在 10℃以下较长时间低温，生长受抑制。豇豆属于短日照作物，但作为蔬菜栽培的长豇豆多属于中光性，对日照要求不甚严格，如红嘴燕、之豇 28–2 等品种，南方春、夏、秋季均可栽培。豇豆对土壤适应性广，只要排水良好、土质疏松的田块均可栽植，豆荚柔嫩，结荚期要求肥水充足。

3. 品种分类

豇豆按其荚果的长短分为三类，即长豇豆、普通豇豆和饭豇豆；按食用部位分食荚（软荚）和食豆粒（硬荚）两类；按蔬菜栽培的分为长豇豆和矮豇豆。

（1）长豇豆茎蔓生长旺盛，长达 3 ～ 5m，栽培时需设支架。

豆荚长 30 ～ 90cm，荚壁纤维少，种子部位较膨胀而质柔嫩，专作蔬菜栽培，宜于煮食或加工用，优良品种很多。如早熟品种有红嘴燕、之豇 28–2、四川五叶子、重庆二巴豇，广州铁线青、龙眼七叶子、贵州青线豇，中熟品种有四川白胖豆、武汉白鳝鱼骨、广州大叶青；晚熟种有四川白露豇、广州金山豆、浙江 512、贵州胖子豇、江西、广州八月豇等。

①红嘴燕蔓性，以主蔓结荚为主，初花着生于第 4 ～ 5 节，结荚多，嫩荚白绿色、末端紫红色，荚长 55cm 左右，品质中等，种子黑色，亩产 1 250kg 左右。

②之豇 28–2 系浙江省农业科学院园艺研究所育成，蔓性，主蔓结荚，第一花序着生于第 4 ～ 5 节，第 7 节后节节有花序。嫩荚淡绿色，结荚多，早熟高产，品质佳，荚长 65 ～ 75cm，耐热性强，适应性广，抗蚜虫、花叶病毒病性强，种子红紫色，春、夏、秋季均可栽培，亩产 1 750 ～ 2 000kg。目前已成为全国主栽品种之一。

③铁线青蔓性，分枝 2 ～ 3 条，主蔓自第 5 ～ 6 节开始着花，嫩荚深绿色，长 45 ～ 50cm，末端红色，种子浅红色，耐寒性强，品质佳。

④八月豇如江西三村晚豆豇，蔓性，分枝强，蔓第 1 ～ 2 节开始着生花序，每轴花 2 ～ 3 对，结荚 2 ～ 4 条，荚深紫色，长 20 ～ 30cm，耐热，6 月上旬播种，8—9 月陆续采收，品质佳。

⑤白胖豇豆蔓性，第一花序着生于 8 ～ 11 节，以后每隔 2 ～ 3 节着生一花序，豆荚白而粗，长约 36cm，横径 1.1cm，厚 1.2cm，种子茶褐色，中熟，肉质厚而细嫩、味较甜、品质佳、产量较高。

⑥红鳝鱼骨蔓性，分枝性弱，第一花序着生第 4 ～ 5 节，荚长 45 ～ 66cm，每荚含种子 16 ～ 22 粒，种子土红色，稍晚熟，不耐旱，耐涝、荚肉厚，脆嫩，不易老化，品质佳。亩产 1 250kg 左右。

（2）矮性种株高 40 ～ 50cm，荚长 30 ～ 50cm，鲜荚嫩，成熟坚硬，扁圆形。种子部位膨胀不明显，鲜荚做菜或种粒代粮。如南昌扬子洲黑子和红子，上海、南京盘香豇，厦门矮豇豆，武汉五月鲜，安徽月月红等。

①盘香豇。植株矮生，分枝多，荚长 20 ～ 26cm，淡绿带紫色，卷曲如盘香状，6 月下旬播种，9 月中旬至 10 月中旬收嫩荚、品质佳、产量低。

②五月鲜。株高 50 ～ 68cm，第一花序着生于第三节，荚长 20 ～ 25cm，青白色，结荚多每荚含种子 12 粒左右，种皮淡红色，极早熟，宜做泡渍，3 月下旬至 7 月可陆续播种，5—10 月上市。

（二）栽培技术

1. 育苗

豇豆易出芽，不需浸种催芽，育苗的苗床底土宜紧实，以铺 6cm 厚壤土最好，以防止主根深入土内，多发须根，移苗时根群损伤大。所以当苗有一对真叶时即可带土移栽，不宜大苗移植。有条件的可用营养钵或穴盘育苗，每钵两苗或三苗。

2. 定植

断霜后定植，苗龄 20 ～ 25d，定植田要多施腐熟的有机肥，每亩 3 000 ～ 5 000kg，过磷酸钙 25 ～ 30kg，草木灰 50 ～ 100kg 或硫酸钾 10 ～ 20kg，定植密度行距 66cm，穴距 10 ～ 20cm，每亩

3 000～3 500穴，每穴双株或三株（育苗时即可采用2～3株的育苗方式，方便以后定植）。定植后浇缓苗水，深中耕蹲苗5～8d，促进根系发达。

3. 直播

断霜后露地播种，蔓生性品种密度为行距66～70cm，株距20～25cm，每穴4～5粒，留苗2～3株，矮生品种行距50～60cm，株距25～30cm。播后用脚踏实，使土和种子充分接触，吸足水分以利出芽，有70%芽顶土时，轻浇水一次，保证出齐苗。浇水后及时深中耕保墒、增温蹲苗，促使根系生长。

4. 肥水管理

豇豆忌连作，在施足基肥的基础上，幼苗期需肥量少，要控制肥水，尤其注意氮肥的施用，以免茎叶徒长，分枝增加，开花结荚节位升高，花序数减少，形成中下部空蔓不给荚。盛花结荚期需肥水多，必须重施结荚肥，促使开花结荚增多，并防止早衰，提高产量。以春豇豆为例：齐苗及抽蔓期追施10%～20%人粪水1～2次；当植株进入初花期，营养生长与生殖生长同时并进，结果数增多，每亩重施人粪1 500～2 000kg，促使多开花结荚；采收期间，每隔4～5d施人粪水一次，共3～4次。豇豆耐旱，南方春季雨水较多，一般不必灌水，而夏秋期高温干旱，应结合施肥灌水，以减少落花落荚，并防止蔓叶生长早衰，借以延长结果，提高产量。

5. 病虫害防治

豆野螟一般于7—8月（夏秋豇豆）大量发生，为害豆荚。花期用敌敌畏800倍液每6～10d喷一次，南方夏秋季雨水多时，常会引起豇豆煤霉病为害。发生初期，可用50%多菌灵1 000倍液或

50%硫菌灵 1 000 倍液喷 2 ～ 3 次即可防治，而豇豆锈病可用 70%甲基硫菌灵可湿性粉剂 1 000 倍液或 65%代森锌 500 倍液，每隔 7 ～ 10d 喷一次，共 2 ～ 3 次。

6. 采收与留种

长豇豆播种后，约经 60d（春播）或 40d（夏播）开始采收嫩荚，而开花后经 7 ～ 12d，荚充分长成，组织柔嫩，种子刚刚显露时应及时采收，质柔嫩。产量高。豇豆每花序有两对以上花芽，通常只结一对豆荚。如肥水充足，及时采收和不伤花序上其他花蕾时，可使一部分花序多开花结荚，这样可以提高结荚率，增加产量，采摘初期每隔 4 ～ 5d 采一次，盛果期每隔 1 ～ 2d 采一次，采收期共 30 ～ 40d。矮性种亩产 600 ～ 800kg，蔓性种 1 250 ～ 1 500kg。

豇豆留种可分夏播和秋播两种，留种株选择具有本品种特征、无病、结荚节位低、结荚集中而多的植株，成对种荚大小一致，籽粒排列整齐，以选留中部和下部的豆荚做种，及时去除上部豆荚，使籽粒饱满。当果荚种壁充分松软，表皮萎黄时即可采收，挂于室内阴干后脱粒，晒干后乘热将种子装入缸内，密封贮藏或在缸内放置数粒樟脑丸密封贮藏，防止豆蟓为害。如少量种子，也可将豆荚挂于室内通风干燥处，不必脱粒，至翌年播种前取出后脱粒即可，种子生活力一般为 1 ～ 2 年。

二十九、潍县萝卜栽培技术

潍县萝卜，又称潍坊萝卜，是山东省著名萝卜优良品种，俗称高脚青或潍县青萝卜，因原产于山东潍县（今潍坊市）而得名，已有 300 多年的栽培历史。潍县萝卜皮色深绿，肉质翠绿，香辣脆甜，多汁味美，具有浓郁独特的地方风味和鲜明的地域特点，是享誉国内外的名特优地方品种。素有“烟台苹果、莱阳梨，不如潍县萝卜皮”之说，深受人们的喜爱（图 3–23）。

图 3–23 潍县萝卜

潍县萝卜年均日照时数 2 500 ～ 2 700h。8、9、10 月的平均气温分别为 25.4、20.1 和 14.1℃，8—10 月昼夜温差为 10.0 ～ 13.5℃。气候温和、温差较大、光照充足、降水量适中的气候条件，有利于潍县萝卜的生长和养分的积累。

（一）品种

潍县萝卜主要有大缨、小缨等几个品种，它们的共同特点是：羽状裂叶，叶色深绿，叶面光亮；肉质根为长圆柱形；肉质根出土部分多，皮深绿色或绿色，肉质淡绿至翠绿色。

大缨萝卜：叶丛较开张，植株生长势强。大头羽状裂叶，叶色深绿，裂叶大而厚。肉质根长圆柱形，长 30cm 左右，入土部分外皮白色。肉质淡绿色，质地较松脆，微甜，辣味小。因主要适用于熟食菜用，而且熟食菜比例下降，该品种只有少量栽培。

小缨萝卜：叶丛半直立，植株生长势较弱。大头羽状裂叶，裂叶边缘缺刻多而深，叶色深绿，裂叶较小而薄。肉质根为长圆柱形，长 25cm 左右，径粗 5cm 左右。肉质根出土部分占总长的 3/4，皮较薄，外披一层白锈，灰绿色。入土部分皮白色，尾根较细。肉质翠绿色，生食脆甜、多汁，味稍辣，主要用作生食。该品种单株肉质根重约 0.75kg。该品种表现抗病、丰产、品质好，是潍县萝卜中的主栽品种。

（二）栽培技术

1. 栽培时间及土地要求

露地栽培在 8 月中下旬，保护地栽培在 9 月，潍县萝卜的前茬作物最好是瓜类蔬菜，其次是葱蒜类、豆类蔬菜及其小麦等粮食作物，它不适宜与小白菜、小油菜、甘蓝等十字花科蔬菜进行连作。最好每隔 2 ～ 3 年轮作一次。

2. 土地准备

深翻 30cm，畦面 1.7m，畦埂 35cm，高 15 ～ 20cm。要施足底肥，每亩 5t，一般根据生产测定，每生产 1 000kg 萝卜需要氮 4kg、磷 2.5kg、钾 6kg，每亩施用硫酸钾复合肥 10 ～ 15kg、饼肥 50kg、锌肥 1kg、硼肥 0.5kg，锌肥和硼肥可以隔年施用。

3. 播种

行距 28cm，挖沟，播深 1.5cm，每亩用种量 500 ～ 550g，播种后镇压，立即浇蒙头水。

4. 间苗

播种 3 ～ 4d，小苗出齐后间苗，间苗时要轻，避免碰到旁边的小苗，第一次间苗苗间距 4 ～ 5cm，当小苗长出 3 ～ 4 片真叶时要进行第二次间苗，苗间距 10 ～ 12cm，当小苗长出 5 ～ 6 片真叶时要进行定苗，苗株距 27 ～ 30cm，每亩 6 000 株左右。

5. 除草

定苗后要进行中耕除草一次，这次中耕要浅除，以免伤及小苗根部，当肉质根长到 1cm 粗时可以进行一次深中耕，使土壤疏松，利于萝卜生长。

6. 浇水

浇水应掌握先控后促的原则。在发芽期一般不需要浇水，在幼苗期要注意小水勤浇，保持土壤湿润，水流不能太急，以免冲歪小苗，造成大面积歪长，影响品质，在叶片生长期要地不干不浇，地发白才浇，浇水不可过多，以避免叶片旺长。露肩以后肉质根进入迅速膨大期，需水量较多，要浇足、浇匀，注意防涝、防旱，一般 5 ～ 6d 浇 1 次水，最好在傍晚浇，采收前 3 ～ 4d 停止浇水。

7. 培根

用土培根的时间在长出 3 ～ 4 片真叶、根部有火柴棍那么粗的时候，培土不要过多，能栽住即可，注意用力不要过大，以免伤到根皮，形成疤痕。

8. 病虫害的防治

（1）白粉虱。幼苗期主要是白粉虱，为害时间长，发生面积大，如果防治不及时，会使萝卜失去商品价值。可施用 10% 吡虫啉 4 000 ～ 6 000 倍液进行喷雾防治，每隔 2 ～ 3d 喷药一次。

（2）软腐病。潍县萝卜幼苗期常发生的病害是软腐病，它发病的症状是新叶萎蔫，病叶边缘出现黄褐色枯瘢，根部发黑，干腐软化，可施用 72% 农用硫酸链霉素可湿性粉剂 1 000 ～ 1 500 倍液或 14% 络氨铜水剂 300 ～ 350 倍液喷雾，同时将病株带出田间。

（3）霜霉病。萝卜叶生长盛期和肉质根生长盛期常发生，它主要为害叶片，发病叶片背面产生白色霉层，正面产生淡绿色斑点，严重时病斑连成片，病叶枯死，可用 25% 甲霜灵可湿性粉剂 600 倍液或用 72% 霜脲锰锌可湿性粉剂 800 倍液喷雾防治，根据病害发生情况，每隔 7 ～ 10d 防治 1 次，连续防治 2 ～ 3 次。采收前半个月应停止用药。进入 10 月，露地栽培的萝卜就相继进入采收期，当萝卜达到 400g 以上时就可以采收了。

三十、甜叶菊栽培技术

甜叶菊是一种多年生菊科草本植物，叶片中含有菊糖甙，其甜度为蔗糖的 150 ～ 300 倍，是一种极好的天然甜味剂。国外已用来代替糖精做低热食品，不但无副作用，而且能治疗某些疾病，如治疗糖尿病，降血压，对肥胖症、心脏病、小儿虫齿等也有疗效，并有促进新陈代谢、强健身体的作用（图 3–24）。

图 3–24　甜叶菊

甜叶菊的抗逆性强，病虫害少，适应性广，我国南北方都可种植，甜叶菊生长最适温度为 20 ～ 25℃，长江以南地区一般都可自然越冬，北方可采用地窖保根越冬，翌年移栽定植。甜叶菊对土壤要求不严，喜温耐湿怕旱，其根系较浅，栽培以肥沃潮湿且排灌方便的沙壤土为好。可用种子、扦插、压条、分株等方式繁殖。它是短日照作物，光照长于 12h 便不能正常开花结果。喜漫散光，可在畦边间种一些高秆作物，适应它对漫散光的要求。

（一）育苗

苗床育苗：甜叶菊种子在20℃温度下的发芽势和发芽率最高。播种期一般在春季气温15℃时进行。播种前要除去种子冠毛，经风选或水选，浸种1d后晾干。育苗的苗床要下整细碎，整地时施入一些腐熟厩肥；播种时每隔5～7cm用棍子在苗床面上轻划2～3mm深的沟，将种子播入沟内（也可直接撒播在畦面上），轻轻拍压，使之与土壤结合紧密，用喷壶淋水后，用塑料薄膜覆盖。每公顷播种15kg，出苗可供20hm^{2}大田栽种。播种后保持床土湿润，4～5d后出苗，30d以后选取具有10片真叶的苗移栽。

沙培育苗：将选好的种子用50℃热水浸泡4h，取出放在盛有粗沙的盘子中，在温度25℃、湿度75%的正常情况下催芽，待长出1～2片真叶，根茎1cm时定植。

扦插育苗：用现蕾前尚未木质化的茎根部作插穗。苗床宜用沙土，可掺入一些塘泥。插穗剪取具有2～3节的枝条，插入木棍捣成的小洞中后压实，留出芽节。密度为3cm×5cm左右。苗床要遮阴，7d左右生根。

（二）栽植管理

大田定植前，开条沟施一些土杂肥作基肥。栽植株行距为50cm×15cm，每亩8 000～10 000株草。苗高10cm后，可不断打顶摘心，促使多分枝。整个生长期，特别是幼苗期，要注意水分管理。生长旺期，可适时追肥2～3次，并结合进行中耕除草培土。割叶前半个月施复合肥，以提高叶片甜度。

（三）采收与圈种

菊叶收获期应根据栽培地气候条件、栽培技术而定。当植株出现花蕾时，是叶片含菊糖甙量最高的时候，应及时收获。收割时从离地面 20cm 处割断，自然越冬的可留些叶子保护越冬。

需要采种的植株，可进行短光照处理，即在甜叶菊生育盛期（出苗 90d 后）开始遮光，即 18 时盖上，翌日 8 时揭开，连续遮光 20 ～ 25d，就可开花结果。种子很轻，可用塑料袋套住植株后拍打采收。

第四章

反季节蔬菜栽培育苗关键环节

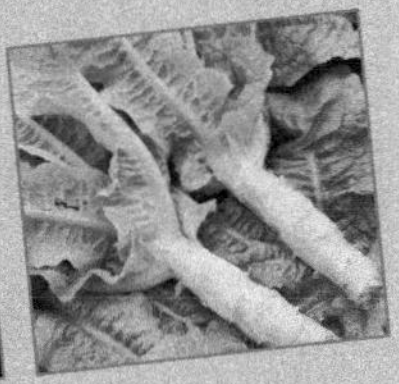

第一节　场地的选择和布置

蔬菜育苗，无论大春播保护地育苗、夏秋降温育苗，还是露地育苗，应选择地势高燥、排水良好、避风向阳、水源方便、坐北朝南的地方。要做到：①苗床四周开好深 0.33m 以上的围沟，便于排水；②大春播保护地育苗，北面设立风障或有天然挡风屏障；③苗床应采取东西向、南北延长，便于吸收阳光；④附近要设立粪池和工具棚。

第二节　床土的配制与消毒

蔬菜育苗的床土一般应用培养土，培养土是供给幼苗所需矿质营养和水分的基础。培养土的好坏，决定幼苗生长的强弱，因此，培养土必须肥沃，含有丰富的有机质，团粒结构要好。要求做到“保肥保水、疏松、养分充足、pH 值 6 ～ 7、床土清洁一年一换”。

一、配制

选用含有机质丰富的菜园土、塘泥、腐熟猪牛粪、土杂肥于播前 3 ～ 4 个月进行堆制腐熟后筛去杂物混配。配制比例：其一，40% 菜园土、50% 猪牛粪、10% 谷糠灰、0.5% 过磷酸钙；其二，70% 菜园土、30% 土杂肥，复合肥、过磷酸钙各 0.5%。

二、床土消毒

1. 闷堆法

用40%福尔马林100倍液（即用100～150mL福尔马林兑10～15kg清水，拌培养土500kg）喷雾在筛过的培养土上，边喷边翻动，喷湿后拢成堆，盖上塑料薄膜，密闭1～2d后，揭去塑料薄膜，再将土耙散，经10～15d，待药味散尽再使用；或用50%多菌灵600倍液喷雾，密闭2～3d后，揭塑料薄膜散开土，经5～7d后垫床播种。

2. 药土法

用50%多菌灵或50%甲基硫菌灵或64%杀毒矾8～10g药与半干细土10～15kg混合拌匀后用薄膜密闭1d待用。每平方米的苗床面积，用药8～10g。药土作为苗床垫土和播种后盖土。

三、春播保护地育苗技术

春播保护地育苗在育苗技术上应做好苗床准备、种子准备、苗期管理等工作。掌握好播种期和苗龄、播种技术。

春播保护地育苗：主要采用大中棚加地热线的方式。

（一）育苗前的准备

整地扣棚，育苗棚前茬收获后彻底清洁田园，晾地半月以上，再连续翻耕3次，雨前扣棚，使棚内干燥，四周开好沟；苗床规格8m宽的大棚内1.65m下裁作成四大畦，畦面1.1m宽，每大畦8m左右，裁作成四小畦，共16小畦，两边各留70cm，便于操作。或按 1.32m 下裁作成五大畦，畦面 0.8m 宽，每大畦裁作成四小畦。畦高 16 ～ 20cm，走道 40cm。

（二）播种期

掌握好播种期是培育壮苗的先决条件，大春播果菜类作早熟栽培，播种早晚对上市迟早有直接关系，因此掌握好播种期是十分重要的（表 4–1）。

例如，番茄 11 月中旬至 12 月上旬，辣椒 10 月中下旬，茄子 10 月下旬，黄瓜 1 月中下旬，丝瓜 2 月中旬，苦瓜、冬瓜 2 月中下旬。

表 4–1　几种主要蔬菜播种期参考表

蔬菜种类	栽培方式	播种适期
番茄	大棚多层覆盖生产	11 月中旬
	地膜大田生产	12 月至翌年 1 月
辣椒	大棚、中棚覆盖生产	10 月中下旬
	地膜大田生产	11 月下旬至 12 月上旬
茄子	大棚、中棚覆盖生产	10 月下旬
	地膜大田生产	11 月上旬至 12 月上旬
黄瓜	大棚、中棚覆盖生产	1 月中下旬
	地膜大田生产	2 月下旬至 3 月上旬
苦瓜	大棚、中棚早熟栽培	2 月中旬
	地膜大田生产	2 月下旬至 3 月中旬
丝瓜	大棚、中棚早熟栽培	2 月中旬
	地膜大田生产	2 月下旬至 3 月下旬
瓠子	大棚、中棚早熟栽培	1 月中旬
	地膜大田生产	2 月下旬至 3 月上旬

续表

蔬菜种类	栽培方式	播种适期
西葫芦	大棚、中棚早熟栽培	1月中下旬
	地膜大田生产	2月下旬
冬瓜	小拱棚早熟栽培	2月中下旬
豇豆	地膜大田生产	3月下旬至4月上旬
菜豆	地膜大田生产	2月下旬至3月上旬
毛豆	小拱棚早熟栽培	1月底至2月上中旬
	地膜大田生产	2月底至3月

（三）播种量

蔬菜单位面积的播种量是根据蔬菜种类、栽培目的、播种方式、种子质量和自然灾害等条件来确定的。蔬菜种类不同，播种量差异很大。同是喜温蔬菜，豆类种籽粒大，每公顷播种量达60～75kg（4～5kg/亩），而茄果类的种子粒小，每公顷播种量600～750g(40～50g/亩)，瓜类中黄瓜每公顷播种量0.75～2 kg，苦瓜每公顷播种量4.5～6kg，冬瓜公顷亩播种量1kg左右。

撒播的用种量多于条播，条播多于穴播，直播用种量多于育苗移栽。所用的种子质量差的播种量应大些。

利用大棚、中棚培育茄果类幼苗，一般每亩播种40～50g，每公顷育番茄苗1 050万株（70万株/亩），茄子苗750万～900万株（50万～60万株/亩），辣椒苗600万～750万株（40万～50万株/亩）。

（四）播种前的种籽处理

1. 浸种

浸种时间的长短应根据种皮厚薄和种子胚乳内含的营养成分而定。若种皮薄，吸水快，浸种时间短；种皮厚，吸水慢，浸种时间长；含蛋白质多的种子，如豆类吸水快而多，浸种时间短；含脂肪和淀粉多的种子，吸水慢而少，浸种时间要长。冬瓜、瓠子、苦瓜、葫芦等种子因种皮厚，泡种时间太长，易裂口，时间短，种子吸水少，出芽困难。为了加速发芽，最好把种子放在潮湿而低温的条件下进行处理（低温范围 1 ～ 10℃），可用湿沙层积，经一星期后，再进行催芽。特别是冬瓜，可将带籽的瓜，一起埋入地下，也可在播前 10 ～ 15d 用湿沙拌种层积催芽。

2. 催芽

浸种后茄果类及瓜类在恒温箱中催芽。适宜温度：茄果类及瓜类在 25 ～ 30℃，豆类在 25℃。催芽还可以用温床或利用水温、电热灯进行。温床催芽的方法是在床中填充酿热物，控制适当温度。将浸泡过的种子，平铺在放有湿纱布的筛子中，上面再覆盖一层湿布，或者用湿麻布包裹。再将其放在酿热物上，这种方法既可靠、又安全，适宜在大面积生产上采用。水温箱催芽的方法是在木箱里（或木桶）填充一些旧棉絮，中间放一个盛有热水的壶，将浸泡好的种子，用湿布包好后放在棉絮中，按时检查温度，并注意保潮。电热灯催芽的方法是用一个以铁丝网隔开上下两层的木桶（或木箱），上层放浸好的种子，下层利用 40 ～ 60W 白炽灯泡加温进行催芽。总之，浸种、催芽是为了达到出苗快、齐、全而采取的措施，还可以达到种子消毒的目的。但是播种前是否进行浸种、催芽，还要根据播种时的天气情况和苗床设备条件等来决定，如果播种时天气正常，晴朗，或苗床中温度较高，宜先行浸种和催芽以后播种，促使早出苗；否则仍以播干籽为宜，以防不出苗。催芽时必须同时具备 4 个条件：一定的水分、适宜的温度、充足的氧气、种子要有生命力。浸种后，催芽前要除掉种子上附着的水膜，清选种子，搓净黏液，大批量种子进行催芽，不要堆积过厚，要保持松散状态，每天要翻动种子，以利换气，避免中间温度高烧芽（表 4–2）。

表 4–2　几种主要蔬菜品种的浸种时间、催芽温度

蔬菜种类	浸种时间（h）	催芽温度（℃）	出芽天数（d）
番茄	8 ～ 12	25 ～ 28	2 ～ 3
辣椒	12	28 ～ 30	3 ～ 4
茄子	12 ～ 24	30 左右	5 ～ 6
黄瓜	4 ～ 5	28 ～ 30	1
苦瓜	湿沙层积	28 ～ 30	3
丝瓜	5 ～ 6	28 ～ 30	1 ～ 2
瓠子	湿沙层积	28 ～ 30	2 ～ 3
冬瓜	湿沙层积	28 ～ 30	2 ～ 3
南瓜	4 ～ 5	28 ～ 30	1 ～ 2
西葫芦	4 ～ 6	25 ～ 30	1 ～ 2
西瓜	4 ～ 5	28 ～ 30	1 ～ 2

（五）播种方法

播种以后能否出苗以及出苗情况如何，是保护地育苗的第一关，即出苗关，只有顺利通过出苗关，才有可能做到苗早、苗齐、苗壮。播种时一般应抓住冬春的冷尾暖头，抢晴天、抢上午、抢覆盖，播后有 4 ～ 6 个晴天，有利于出苗。生长迅速的豆类，因浸泡后，反而对种子发芽不利，一般是把干籽直接播在营养钵里；生长缓慢而耐移植的茄果类，一般是先在温床（或冷床）中播种育苗，再将幼苗移植到薄膜阳畦内的营养钵里。用温床（或冷床）播种的方法是：播种前，先要浇足底水，将干籽浸泡或催出芽的种子撒播或条播在整平的床土上，播后覆盖 0.8 ～ 1cm（不见籽为宜）培养土，再用薄膜平铺在床土上，有 70% 幼苗出土，就立即将平铺膜改为小弓棚膜，并接着在床面撒一层薄薄的细土保潮，促进根系生长。覆盖的细土，若过厚或过紧，就影响出苗，若覆土过浅或过松，就造成幼苗“戴帽”出土（种皮不脱落）。

1. 苗期管理

苗期管理是保护地蔬菜育苗过程中很重要的一环，在管理上，着重于掌握适当的温度（气温和地温），结合对苗床中的光、水、肥、气等条件，看苗情，根据幼苗生长阶段，对它们生长进行适当的“促”或“控”，保持地上部和地下部生长的平衡。大棚、中棚、温床、冷床，阳畦等育苗形式，由于热源不同和床里温度的差异，加上运用季节有先后，因而管理上也各有侧重。大棚、中棚育苗，注意防寒保温，可采用多层覆盖，高温注意通风排湿；温床育苗，一定要控制温度和湿度，重点防止幼苗徒长；冷床育苗，特别注意防寒保温，冬天通风时间要比温床短，寒潮来临时，四周必须封严，床面上还要加盖草包和薄膜或遮阳网，防止幼苗受冻；阳畦育苗，因苗床湿度大要注意通风换气，降低苗床湿度，防止低温潮湿，影响幼苗生长。在生产实践中，还要根据幼苗不同的生育阶段，掌握苗期管理的中心环节。早熟茄果类育苗时，从播种至齐苗，应保温、保湿，力争出苗快、齐、全。从齐苗到分苗：应适当降温、通风、为培育壮苗打好基础，并防止徒长，倒苗或冻害。从分苗至缓苗：应增温、保湿，力争提早结束缓苗。从缓苗后至成苗：应改善光照、营养等条件，搞好定植前的准备工作。适当锻炼幼苗，预防徒长或病害，最终育成壮苗。

2. 温度调节，三高三低

一般在晴天高、阴天低；白天高、夜间低；出苗前和移植成活前要高、出苗后和移植成活后要低。晴天的白天应维持在25～30℃，以利进行光合作用；阴天的白天掌握在20℃左右；夜间要比白天低5～10℃为好。如番茄一般不要低于10℃，辣椒、茄子一般不要低15℃，出苗期（芽期）和移植成活前，应控制在25～30℃，使其迅速出苗和生长新根，出苗和移植成活后，最好降至15℃左右，这样才能使幼苗多积累，少消耗，培育壮苗。番茄苗期冷床中的地温为15～17℃。黄瓜苗期地温为15～25℃，如果地温低于15℃，易产生“锈根”。在具体操作上，还应根据幼苗不同生育时期，做好温度调节工作。出苗以前，将苗床进行严密的保温或行加温，苗床上的草包，薄膜、遮阳网等覆盖物要早揭晚盖，让苗床多见阳光，增加温度，使苗床中的温度尽可能提高到25～30℃。出苗后到移植前随时注意通风换气，适当降低床内温、湿度。特别要注意刚出苗的当天晚上，由于温度高、湿度大，最易徒长，不能疏忽，苗床的温度应降到15℃以下。移植后至成活前为使幼苗及早恢复生机，尽量做好增温保湿的工作，只是在晴天的中午，打开大棚、中棚顺风方向的门，换入新鲜空气，温度要保持在 25℃左右。成活后至定植前随着幼苗的成活和长大还要逐渐放大通风口，降低床温。可提早揭除或延后盖上苗床覆盖物，提早打开或推迟，关上大棚中棚门，使幼苗充分利用阳光，还可看天气情况，晚上大棚、中棚内苗床上不加层覆盖，让幼苗适应外界环境。

3. 水分供给，有多有少

早春低温季节，水分管理是否适当是育苗成败的关键。要做到底水多浇、苗水少浇、晴天多浇、阴天少浇（或不浇）；风大多浇、风小少浇；后来多浇、前床少浇。浇水时间，应在晴天 10—11 时进行。这时浇水，即使床温有所降低，到中午日光充足时，床温就会升高。为了不影响床温和床土的疏松，有利于出苗，播种前 1 ～ 2d，床土铺平后，浇足底水，等水渗下后，在床面上薄薄撒一层细土。随着气温的升高，幼苗逐渐长大，应增加浇水次数和浇水量。在大好晴天，浇水次数由一次增加到二次，浇水量增加到 2 ～ 3 壶。浇水要均匀一致。每次浇水后，要加强通风，使水分蒸发，减少苗床湿度，不让苗床潮湿过夜，一定要做到白天湿、夜间干；有风湿、无风干；晴天湿、阴天干。总之，床土要下湿上松，干湿适当，床土中的水分宁少勿多，少了可以补救，多了无法挽回。

4. 通风换气，先小后大

通风换气是为了调节苗床的温度和湿度，排出废气，换入新鲜空气。如果通风不良会使幼苗生长嫩弱，导致病害。播种出苗期应密闭苗床，不进行通风，出苗后到移植前随时注意通风换气以利降低棚内温湿度。采取先“盖小棚敞大棚”、后“关大棚敞小棚”的方法通风换气排湿。即在晴天9时不揭大棚、中棚内的小弓棚膜，只开大棚、中棚两头的门，并用一根竹竿，其一端绑上海绵（或软物，防止打破棚膜），站在棚外两侧轻轻敲打大棚、中棚，使棚上水滴落在小弓棚膜上，避免滴入苗床。待棚内基本无滴水时，再关上大棚、中棚两头的门，然后揭除小弓棚膜，使其多见阳光。通风换气必须随太阳的升降，上午逐渐将通风口由小到大支撑起来，不能一下子过猛，以免苗受冻，下午以后，通风口要由大到小关闭。长期雨雪冰冻低温，在天气转晴后，要逐渐加大见光与通风，光强时需适当遮阴，否则幼苗将会受损。

5. 移植密度，合理配置

移植能扩大幼苗的营养面积，有利于改善营养，光照和通风条件，促进幼苗根系的生长，促进果菜类花芽的分化，育成早熟的壮苗。茄果类的幼苗，一般需要在苗床内移植一次。当幼苗长到1叶1心时，番茄苗龄30d左右，茄子、辣椒苗龄35～40d时，抢冷尾暖头的天气，按3cm行株距分苗，在培养土中长至中苗出售。或在培养土中长到3～4片叶时，移入直径8～10cm营养钵中。分苗在整平的移植床中，按3cm行距开浅沟，浇足水，待水渗下以后，按苗距将苗放入浅沟中，再覆平培养土，至移植成活前不再浇水。这样有利于提高温床，降低床内温度，迅速缓苗。

6. 病虫防治

综合防治为主、预防为辅的原则，幼苗期主要病害是猝倒病、立枯病、灰霉病、叶斑病，主要虫害是蚜虫。防治上以农业防治为主，创造良好的温、光、水、肥、气的环境，发现病株立即拔除，并用硫黄粉和生石灰进行消毒。猝倒病、立枯病、叶斑病用敌克松

1 000倍液、杀毒矾500倍液、百菌清600倍液，77%可杀得800倍液喷雾，灰霉病用50%速克灵2 000倍或多菌灵、百菌清600倍液喷雾，治早治小。还需看天气决定施药方法，如果连续下雨须用药土法。即用上述农药8～10g拌干细土10～15kg撒在苗床上，既防病又降湿。

7. 幼苗“锻炼”

逐渐经常为了育成壮苗，使幼苗能够适应定植以后的环境，应进行幼苗“锻炼”。“锻炼”的方法是在幼苗生长的各个阶段，利用改变温度和控制浇水等措施，提高幼苗的抗寒能力。除了出苗前及移植未成活前，要给予较高的温度外，其他各个生长阶段，都应适当降低床温或实行变温处理，并结合控制床土中的水分。这种措施能提高幼苗的抗寒能力，达到高产、早熟的目的。“锻炼”分萌芽期“锻炼”、顺风“锻炼”、逆风“锻炼”、露天“锻炼”等。萌芽期“锻炼”：分低温和变温“锻炼”两种，瓠瓜在露根时，放到0～10℃的低温中进行处理二昼夜，黄瓜和茄果类在萌芽期用1℃的低温处理8h后，再放入18℃高温下6～12h，进行变温处理。顺风“锻炼”：遇北风撑开北边棚膜，遇南风撑开南边棚膜。只有健壮苗才能进行顺风锻炼。逆风“锻炼”：遇北风撑开南边棚膜，遇南风撑开北边棚膜。露天“锻炼”：定植前7～10d，在没有风、霜、雨、雪恶劣天气情况下，逐步加大通风量，起初，白天将苗床敞开，夜间盖上覆盖物，随后整夜敞开不盖，与此同时要逐渐减少以致最后停止浇水，保持低湿度。“锻炼”的温度是：菜豆、番茄为4～6℃，早椒为6～8℃，黄瓜8～10℃。进行“锻炼”时还要注意幼苗的生理形态反映，农谚称：“3叶蔫萎，高温缺水；3叶抱起，低温袭击；子叶下垂，光照微弱；子叶卷扭，温度不够；绿带黄色，抗逆性强；背面带紫，轻霜不死”。要随时仔细观察，采取相应措施，以满足幼苗正常生长的要求。

为了培育早熟、高产的健壮苗，要掌握以上主要技术环节，抓好综合管理措施。除此之外，还需注意下面几个问题：一是整平床土，当床土整平后，还要用木板轻轻镇压，防止床土松紧不一，浇水后，会造成高低不平，凹陷处过湿，凸起处过干，以致床内干湿不一。二是适当稀播，增加幼苗营养面积，避免苗挤苗。三是分次盖土，盖土的作用是防止床土表面板结和开裂，保持苗床中的土壤水分，借此减少苗期浇水；防止出苗时“戴帽”，子叶不能及时展开；提高苗床中的土温，促进幼苗发生不定根。第一次覆土在幼苗开始出土时，第二次覆土多数在苗出齐以后。以后一般在间苗后，或苗床土面开裂时，或低湿潮湿时才覆药土，防治病害。四是除草间苗幼苗出土后，要把过密的幼苗间掉，还要清除杂草，使幼苗有足够的营养面积。五是合理追肥如果幼苗生长瘦弱，可追稀薄的人粪尿 1～2 次，随浇水进行，还要用0.15%的磷酸二氢钾，不可偏重氮肥，若氮肥过多，会引起徒长，导致病害。六是适时移植和定植，要适时移植和定植，不能过晚，否则，会造成“苗挤苗”和“苗欺苗”，致使壮苗成弱苗。若天气恶劣情况下不能定植，要把苗疏散排开，防止苗徒长。移植和定植都要抓住冷尾暖头的晴天进行，使幼苗成活快。

第三节　夏秋蔬菜降温育苗技术

夏秋播的蔬菜，如甘蓝、花椰菜、秋番茄、秋辣椒、秋茄子、秋黄瓜、芹菜、秋莴笋、红菜心等，育苗期正值气温高，干旱，而且偶有暴雨袭击。因此，育苗床要搭设荫棚遮盖，以保证出苗和全苗。现在多采用遮阳网育苗，育苗方法分述如下。

一、育苗前的准备

1. 整地作畦

选择疏松肥沃水源方便，保水、排水性较好的沙壤土作苗床，最好附近地形宽旷，地面平坦，周围没有高大建筑物，以利通风。整地作畦前，首先要清除田间杂草，翻耕炕晒 20 多天，底肥应根据土壤肥沃程度，最后一次翻耕前每公顷施腐熟人粪尿 30 000kg（2 000kg/ 亩）或复合肥 750 ～ 1 050kg 作苗床底肥，苗床要做到深沟窄厢，按 2m 下裁，厢面 1.4m，沟宽 0.6m，沟深 20cm；利用大棚、中棚育苗，8m 宽的大棚内按 1.65m 下裁作四大畦，畦面 1.1m 宽，畦高 16 ～ 20cm，走道 40cm，两边留 70cm。苗床要做到平整，表土不宜过细，否则雨后或浇水后容易板结，造成缺苗。

2. 搭设荫棚

夏季高温育苗用遮阳网覆盖能透气、透湿、遮光降温，防风、防暴、防虫鸟害。其方法一是大棚覆盖，即直接把遮阳网扣在大棚上进行育苗。用涤纶线将宽 1.6m 的 5 幅或 2m 的 4 幅遮阳网拼成总宽度约 8m 的幅面。遮阳网用压膜绳固定在大棚上便于管理。方法二是小拱棚或1m左右高平棚进行遮阳覆盖育苗，降温效果好，揭盖方便。

二、播种期

按不同栽培形式和不同品种做到适时播种（表4–3）。

表4–3　几种主要夏秋蔬菜播种期

蔬菜种类	栽培目的	播种适期
甘蓝	早熟栽培	6月
花椰菜	早熟栽培	6月
甘蓝	中熟品种	6—7月
番茄	中熟品种	6—7月
辣椒	秋延后栽培	7月上中旬
茄子	秋延后栽培	7月中下旬
黄瓜	秋延后栽培	7月中下旬
芹菜	夏秋栽培	6月中旬至10月
莴笋	秋季栽培	7月底至8月上旬
大白菜	夏秋季栽培	7月中旬
红菜心	秋冬栽培	8月20—25日

三、播种量

一般花椰菜、甘蓝每亩用种量1～1.5kg，茄果类2kg左右，秋芹菜、秋莴笋1kg左右（以80%出芽率计算）。

四、种子处理

播种前用70%代森锰锌按种子重量的0.1%均匀拌种。秋芹菜及秋莴笋要采用低温催芽，温度条件6～8℃。低温催芽方法是：

首先将种子进行筛选除杂，晒种 2d，用凉水浸种 24 ～ 36h 后搓洗 2 次，以见清为好，把种子捞出滤干，平摊在阳光下晾晒，当种子上见不到明水时，及时装入湿布袋中，放入冰箱贮藏室 7 ～ 10d 种子就会陆续出芽，每天翻一次，使其发芽整齐。

五、播种方法

分撒播或条、点播与营养钵育苗两种。点播为便于切块带土定植，可在苗床土 7 ～ 10cm 厚处铺一层粗糠灰；行距 6.6 ～ 10cm，株距 6.6cm。营养钵育苗，是先备好营养钵，摆入苗床内，浇透水，每钵播入种子 2 ～ 3 粒，再覆 0.6 ～ 1cm 厚的土，并将钵与钵之间的空隙用土填干保潮。

六、苗床管理

1. 揭盖遮阳网

播后至出苗前直接平铺遮阳网，昼夜覆盖，出苗后及时揭开，一般在 17 时进行，以免幼苗晒伤和徒长。遮阳网的揭盖要“三看”，即看天、看地、看苗。一般出苗后晴天白天盖、晚上揭，气温高于 30℃时上午时盖，16 时揭，气温高于 35℃全天盖，而连续阴、雨天不盖（暴雨除外）。真叶出现后对假植前白天逐渐减少覆盖时间，防止徒长。移苗假植后至活株，可昼夜覆盖；活棵后，晴天白天盖，晚上揭，阴雨天不盖；定植前 7 ～ 10d；逐步减少白天覆盖时间，进行炼苗。

2. 浇水

浇足底水是保证发芽水分的需要，达到齐苗的关键，要求苗床浇水至饱和止。移苗床如过干要提前一天浇足底水，第二天再移苗。夏秋高温季节水分蒸发量大，浇水时间应在早晚进行，做到水凉、地凉，切不可在炎热的中午浇苗。还要做到勤浇、轻浇，直接浇水于遮阳网上，保持土壤湿润。如遇天旱，应在17时左右引水浸灌，可避免表土板结，但灌水后要及时把沟中余水排掉，定植前1d，应多浇水，便于带土取苗。

3. 追肥

为培育壮苗，可结合浇水施1～2次稀薄的人粪尿。肥料一定要充分腐熟，要求做到淡肥勤施，以免烧伤幼苗。

4. 覆土护根

在育苗期间，如遇大雨冲刷，幼苗根系外露，雨停后立即撒细干土护根；每次浇水后，也应撒细干土压根，以保护根系。

5. 间苗假植

间苗应掌握能使幼苗有充足的营养面积，生长粗壮，多发须根。苗出齐后以苗不靠苗为原则。间苗分2～3次进行，第一次在幼苗拉十字期，拔除过密的弱苗；第二次当幼苗生长到2～3片真叶时，再按6.6～10cm的苗距均匀间苗；第三次是3～4片真叶时定苗，严格剔除杂苗、病苗及弱苗。也可在第二次间苗时，进行移苗假植，苗距10cm左右，也可全部假植，也可移苗假植一部分。假植要在16时以后进行，因阳光弱，气温下降有利成活。夏秋茄果类蔬菜苗期主要病害有病毒病、早疫病及斑枯病；虫害有蚜虫。以农业防治为主，同时抓住暴雨前用0.5%等量式波尔多液或77%可杀得500倍或75%百菌清700倍或64%杀毒矾500倍或65%代森锌600倍药液交替使用，雨后再补喷一次。用0.3%磷酸二氢钾进行叶面喷雾，兼治蚜虫。甘蓝、花椰菜主要病害有黑斑病和软腐病。虫害有菜青虫、小菜蛾等。防治措施上，以农业防治为主，发现中心病株要及时用 70% 代森锰锌 600 ～ 800 倍液或 50%DT300W 或农用链霉素 200mg 进行苗床喷雾；用 5% 抑太保 2 000 倍液或 Bt 乳剂 500 倍液进行苗床喷雾，间隔 15d 一次。

6. 苗龄

花椰菜、甘蓝早熟品种苗龄不超过 40d，晚熟品种不超过 50d；秋莴笋 25 ～ 30d；秋番茄、辣椒、茄子 30 ～ 40d。

7. 定植前管理

当幼苗 6 ～ 7 片真叶时即可进行定植，在定植前 10d 左右进行炼苗，一是减少浇水次数，适当带干。二是逐步减少遮阳网覆盖时间，增加光照，达到提高菜苗干物质含量，促进老健，适应大田生长条件，有利活棵。定植前 2 ～ 3d，浇一次轻粪水或 0.5% 的化肥水，促生新根，喷一次药。为了便于取苗，定植前 1d 多浇些水，要求做到带肥、带药、带土下田。